U0272494

农村科技口袋书

农村科技口袋书

西北黄土高原旱区增粮增效新技术

中国农村技术开发中心 编著

中国农业科学技术出版社

图书在版编目（CIP）数据

西北黄土高原旱区增粮增效新技术 / 中国农村技术开发中心编著. —北京：中国农业科学技术出版社，2019.11

ISBN 978-7-5116-4476-3

Ⅰ. ①西⋯ Ⅱ. ①中⋯ Ⅲ. ①干旱区 - 粮食作物 - 栽培技术 Ⅳ. ① S51

中国版本图书馆 CIP 数据核字（2019）第 246520 号

责任编辑	史咏竹
责任校对	贾海霞

出　　版　中国农业科学技术出版社
　　　　　北京市中关村南大街 12 号　　邮编：100081
电　　话　（010）82105169（编辑室）
　　　　　（010）82109702（发行部）　（010）82109709（读者服务部）
传　　真　（010）82106626
网　　址　http://www.castp.cn
经　　销　各地新华书店
印　　刷　北京科信印刷有限公司
开　　本　880mm×1230mm　1/64
印　　张　3.4375
字　　数　112 千字
版　　次　2019 年 11 月第 1 版　　2019 年 11 月第 1 次印刷
定　　价　9.80 元

《西北黄土高原旱区
增粮增效新技术》

编 委 会

主　任：邓小明

副主任：刘作凯　卢兵友

成　员：（按姓氏笔画排序）

　　　　王振忠　任小龙　张岁岐　贾志宽

　　　　黄咏明　董　文　鲁　淼

编写人员

主　编：贾志宽　王振忠　鲁　淼

副主编：张岁岐　任小龙　董　文　黄咏明

编　委：（按姓氏笔画排序）

马文礼　王　柯　王永宏　朱德兰

刘　平　刘学军　刘景辉　池宝亮

李永山　李　军　李红兵　李尚中

李娜娜　杨　娜　杨术明　杨　琳

吴　娜　张宏亮　张建诚　张绪成

武雪萍　范兴科　赵世伟　赵　刚

赵沛义　郝明德　侯贤清　侯慧芝

柴　强　党建友　高亚军　席天元

席吉龙　姬虎太　康建宏　梁　熠

梁改梅　谢三刚　谢军红　裴雪霞

樊廷录

前　言

为了充分发挥科技服务农业生产一线的作用，将现今适用的农业新技术及时有效地送到田间地头，使"科技兴农"更好地落到实处，中国农村技术开发中心在深入生产一线和专家座谈的基础上，紧紧围绕当前农业生产对先进适用技术的迫切需求，立足国家科技支撑计划项目产生的最新科技成果，组织专家精心编印了小巧轻便、便于携带、通俗实用的"农村科技口袋书"丛书。

《西北黄土高原旱区增粮增效新技术》筛选凝练了国家科技支撑计划"西北黄土高原旱区增粮增效科技工程（2015BAD22B00）"项目实施取得的新技术，旨在方便广大科技特派员、种养大户、专业合作社和农民等利用现代农业科学知识、发展现代农业、增收致富和促进农业增产增效，为保障国家粮食安全和实现乡村振兴做出贡献。

"农村科技口袋书"丛书由来自农业生产、科研一线的专家、学者和科技管理人员共同编制，围绕着关系国计民生的重要农业生产领域，按年度开发形成系列丛书。书中所收录的技术均为新技术，成熟、实用、易操作、见效快，既能满足广大农民和科技特派员的需求，也有助于家庭农场、现代职业农民、种植养殖大户解决生产实际问题。

在丛书编制过程中，我们力求将复杂技术通俗化、图文化、公式化，并在不影响阅读的情况下，将书设计成口袋大小，既方便携带，又简单实用，便于农民朋友随时随地查阅。但由于水平有限，不足之处在所难免，恳请批评指正。

编　者

2019 年 8 月

目 录

第一章 作物新品种

第一节 玉米新品种 2

富农 340 2

大丰 133 5

大丰 30 7

德力 666 10

西蒙 6 号 12

富农 821 14

先玉 698 16

五谷 704 18

第二节 小麦新品种 20

陇鉴 108 20

陇鉴 110 22

宁冬 13 号 23

宁冬 16 号……………………………………… 25

品育 8012 ……………………………………… 27

舜麦 1718 ……………………………………… 29

晋麦 84 号……………………………………… 31

第三节　马铃薯新品种…………………… 33

宁薯 14 号……………………………………… 33

宁薯 15 号……………………………………… 35

陇薯 10 号……………………………………… 37

青薯 9 号………………………………………… 39

冀张薯 8 号……………………………………… 41

庄薯 3 号………………………………………… 43

黑美人…………………………………………… 45

第四节　谷子新品种……………………… 47

陇谷 11 号……………………………………… 47

第五节　糜子新品种……………………… 49

固糜 21 号……………………………………… 49

宁糜 15 号……………………………………… 51

第六节　荞麦新品种……………………… 53

云荞 2 号………………………………………… 53

定甜荞 2 号……………………………………… 55

第二章　作物高效栽培新技术

第一节　旱作农田栽培技术 ·················· 58
旱作粮田保护性轮耕增产技术 ············· 58
旱作农田沟垄集雨抗旱节水种植技术 ············ 64
全膜双垄沟覆盖集雨机艺一体化绿色增产

技术 ······················· 67
全膜覆膜穴播栽培技术 ··············· 71
沟垄轮换应急播种技术 ··············· 74
集雨限量补灌种植技术 ··············· 77
全膜双垄沟播一次性施肥简化栽培技术 ········· 80

第二节　玉米栽培新技术 ·················· 83
玉米集雨高效施肥种植技术 ············· 83
玉米带耕沟播高效种植技术 ············· 86
旱地玉米秋免耕秸秆覆盖春翻耕覆膜播种

轻简化技术 ··················· 90
春玉米"一盖两深三优化"节本增效机械

化轻简种植技术 ················· 93
一膜两年用全膜双垄沟播玉米生产技术 ········· 96
旱地地膜玉米有机肥替代化肥可持续生产

技术 ······················· 99

宁夏扬黄灌区玉米精准节水灌溉制度............101

宁夏扬黄灌区玉米滴灌合理施肥技术............103

宁夏扬黄灌区玉米滴灌水肥一体化技术............105

宁夏扬黄灌区玉米滴灌干播湿出技术............108

宁夏扬黄灌区玉米轻简高效栽培技术............110

宁夏扬黄灌区玉米病虫害防控技术............112

宁夏扬黄灌区玉米土壤培肥与保育技术............115

宁夏扬黄灌区玉米秸秆还田技术............117

宁夏扬黄灌区玉米全程机械化种植技术............119

宁南旱区全膜双垄沟播玉米种植技术............122

内蒙古风沙区玉米垄膜集雨增产增效种植
技术............127

黄土高原风沙区玉米秸秆高效还田技术............129

第三节　小麦栽培新技术............131

冬小麦机械化宽幅播种技术............131

小麦"冬水前移两增一减"高产高效栽培
技术............133

晋南旱地小麦绿色高效栽培技术............135

小麦—玉米微喷水肥一体化节本增效栽培
技术............138

小麦—玉米轮作两晚两增高效种植技术............142

渭北旱塬小麦—油菜轮作培肥技术⋯⋯⋯⋯146

渭北旱塬小麦—豌豆轮作培肥技术⋯⋯⋯⋯149

渭北旱塬小麦—苜蓿轮作培肥技术⋯⋯⋯⋯152

渭北旱塬小麦—红豆草轮作培肥技术⋯⋯⋯156

第四节　马铃薯栽培新技术⋯⋯⋯⋯⋯⋯**159**

宁南旱区马铃薯综合高产技术⋯⋯⋯⋯⋯⋯159

宁南旱区马铃薯高产栽培技术⋯⋯⋯⋯⋯⋯161

宁夏中部干旱带雨养区马铃薯高产高效农

机农艺综合生产技术⋯⋯⋯⋯⋯⋯164

内蒙古阴山北麓马铃薯增施有机肥丰产高

效种植技术⋯⋯⋯⋯⋯⋯167

半干旱区马铃薯全膜覆盖垄上微沟种植

技术⋯⋯⋯⋯⋯⋯169

半干旱区马铃薯立式深旋耕作栽培技术⋯174

第五节　谷子、荞麦、糜子栽培新技术⋯⋯**176**

有机谷子轻简化栽培技术⋯⋯⋯⋯⋯⋯⋯176

陇中半干旱区甜荞全膜覆土穴播栽培技术⋯179

糜子轮作栽培技术⋯⋯⋯⋯⋯⋯⋯⋯182

第三章　加工新技术

马铃薯全粉的加工技术⋯⋯⋯⋯186

小米绿豆速食粥加工技术..............................189

苦荞茶加工技术..............................191

第四章　新设备

玉米垂直旋耕集中施肥双垄沟播耧..............194

多能源互补驱动移动式喷灌机..............196

微孔陶瓷灌水器..............................199

第五章　新产品

小麦抗干热风制剂..............................204

第一章

作物新品种

第一节　玉米新品种

富农 340

品种来源

甘肃富农高科技种业有限公司以 F502×FN1011 杂交选育而成，宁夏农林科学院固原分院引入。2015 年经宁夏回族自治区农作物品种审定委员会审定，审定编号：宁审玉 2015009。

特征特性

幼苗第一叶椭圆形，叶色深绿，叶鞘紫色，茎基绿色，株型紧凑，成株 17 片叶，株高 220 厘米，穗位 74.3 厘米，雄穗分枝 3～5 个，颖壳绿色，花药黄色，雌穗花丝红色，果穗长筒形，穗长 19.0 厘米，穗粗 4.9 厘米，秃尖 0.4 厘米，穗行数 14～18 行，行粒数 37.4 粒，单穗粒重 178.4克，百粒重 33.5 克，出籽率 82.9%，穗轴红色，籽粒黄色、马齿形。2014 年农业部① 谷物品质监

---

① 中华人民共和国农业部，全书简称农业部。2018 年 3 月，国务院机构改革，将农业部的职责整合，组建中华人民共和国农业农村部，简称农业农村部。

督检验测试中心测定：容重 796 克 / 升，粗蛋白质 9.84%，粗脂肪 4.27%，粗淀粉 73.62%，赖氨酸 0.28%。

生育期 134 天，较对照登海 1 号早熟 4 天，属中早熟杂交品种。2014 年中国农业科学院作物科学研究所抗性接种鉴定：高抗茎腐病，中抗大斑病，抗小斑病，高感矮花叶病、丝黑穗病。该品种苗势旺，耐旱抗寒，活秆成熟，丰产性好，适应性广。

适宜地区

适宜宁夏[①]宁南山区≥10 ℃有效积温 2 300 ℃以上地区春播单种。

注意事项

播种期 4 月 10—20 日，机播或人工播种。行距 50 厘米，株距 30 厘米，亩[②]密度 4 500 株。适时收获。

---

① 宁夏回族自治区，全书简称宁夏。
② 1 亩≈667 平方米，全书同。

富农 340 品种籽粒

富农 340 品种田间长势

技术来源：宁夏农林科学院固原分院

大丰 133

品种来源

山西大丰种业有限公司育成。组合为：郑58×WZ-16，2013 年通过山西省品种审定委员会审定，审定编号：晋审玉 2013024。

特征特性

生育期 100 天左右，与对照郑单 958 相当。幼苗第一叶叶鞘紫色，叶尖端圆到匙形，叶缘紫色。株形紧凑，总叶片数 20.8 片，株高 253.0 厘米，穗位 96.1 厘米，雄穗主轴与分枝角度极小，侧枝姿态直，一级分枝 9.2 个，最高位侧枝以上的主轴长 26.3 厘米，花药浅紫色，颖壳绿色，花丝浅红色，果穗筒形，穗轴白色，穗长 20.4 厘米，穗行数 17.2 行，行粒数 42.5 粒，籽粒黄色，粒形偏马齿形，籽粒顶端黄色，百粒重 41.0 克，出籽率 90.1%。

参加山西省南部复播区玉米品种区试 2 年、生产试验 1 年，平均亩产分别为 706.7 千克和 735.4 千克，比对照增产 5.4% 和 5.9%。

人工接种鉴定，高抗茎腐病、矮花叶病，感穗腐病、粗缩病。品质检测，容重 784 克 / 升，粗蛋白 9.05%，粗脂肪 4.32%，粗淀粉 74.78%。

适宜地区

山西南部复播玉米区及适合种植郑单 958 的区域。

注意事项

选择中等以上肥力地种植，亩留苗 4 500～5 000 株。拔节期重施肥，大喇叭口期酌情施。遇旱及时浇水。注意防治玉米螟。

技术来源：山西大丰种业有限公司

大丰 133 玉米新品种

大丰 30

品种来源

山西大丰种业有限公司育成。组合为：A311×PH4CV，2012 年通过山西省品种审定委员会审定，审定编号：晋审玉 2012007。并获得陕西、宁夏、内蒙古①、甘肃等省区引种或审定。

特征特性

生育期 96 天左右。幼苗生长势强，第一叶勺形，叶色绿色，叶鞘深紫色，叶缘紫色，叶背有紫晕。成株株高 325.0 厘米，穗位 110.0 厘米，穗位与株高比率 0.34，叶片数 21 片。成株果穗上 1～3 叶斜上冲，果穗上 4～6 叶直立上冲，株型半紧凑，植株清秀。雄穗分枝 4～5 枝，花药紫色，花丝由淡黄转红。活秆成熟，茎秆坚硬，气生根发达，抗倒伏。果穗筒形，粒长轴细，出籽率高，籽粒黄色，马齿形。穗长 18.8 厘米，穗粗 4.8 厘米，穗行数 16～18 行，行粒数 40.4 粒，百粒重 40.5 克，出

---

① 内蒙古自治区，全书简称内蒙古。

籽率 89.67%，秃尖 1.0 厘米，轴色深紫。

参加山西省春播早熟区区试 2 年、生产试验 1 年，亩产分别为 717.95 千克和 698.5 千克，比对照种长城 799 增产 13.4% 和 15.1%。

人工接种鉴定，中抗茎腐病、穗腐病、矮花叶病；抗粗缩病；感丝黑穗病和大斑病。品质检测，容重 756 克／升，粗蛋白含量 9.99%，粗脂肪含量 3.57%，粗淀粉含量 75.45%。

适宜地区

山西春播早熟及中晚熟玉米区种植。

注意事项

精量播种，高肥地块，亩保苗 4 000～4 500 株；中肥地块，亩保苗 3 800～4 000 株；肥力差的地块，亩保苗 3 200～3 500 株。每亩施优质农家肥 3 000～4 000 千克。玉米拔节期，亩追施尿素 40 千克。

大丰 30 玉米新品种

技术来源：山西大丰种业有限公司

德力 666

品种来源

山西省农业科学院棉花研究所与山西德利农种业有限公司合作育成。组合为：运系 102× 运系 94。2016 年通过山西省品种委员会审定，审定编号：晋审玉 2016018。并获陕西、河南、山东、安徽、江苏、河北、湖北等省引种登记备案。

特征特性

幼苗生长势强，山西南部复播玉米区生育期 102 天左右，与对照郑单 958 相当。幼苗第一叶叶鞘紫色，叶尖端尖到圆形，叶缘浅紫色。株形紧凑，总叶片数 20 片，株高 277 厘米，穗位 120 厘米，雄穗主轴与分枝角度中，侧枝姿态直，一级分枝 5～6 个，最高位侧枝以上的主轴长 30 厘米。花药绿色，颖壳绿色，花色绿色，果穗筒形，穗长 17.8 厘米，穗行 16～18 行，行粒数 35.6 粒，粒色黄色，粒顶端淡黄色，粒型半马齿型，百粒重 32.3 克，出籽率 86.2%。

参加山西南部复播玉米区区试 2 年、生产试验1年，亩产分别为709.7千克和755.6千克，比对照增产8.8%和8.4%。

人工接种鉴定，抗大斑病，感矮花叶病，感粗缩病，高感茎腐病。品质检测，容重758克/升，粗蛋白8.5%，粗脂肪3.94%，粗淀粉75.47%。

适宜地区

山西南部复播玉米区及黄淮海相同生态区引种种植。

注意事项

适期早播；亩留苗4 000～4 500株；施足底肥，大喇叭口期亩追施尿素20千克，适当增施磷钾肥。

德力666玉米新品种

技术来源：山西省农业科学院

西蒙6号

品种来源

西蒙6号以J203为母本、817-2为父本杂交选育而成。母本是从外引自交系PH6WC2的变异株中连续自交选育而成；父本是以自交系817变异株为基础材料连续自交而成。

特征特性

幼苗叶鞘紫色，叶片略带紫色，株型紧凑，成株20片叶，株高300厘米，穗位130厘米，雄穗分枝5~7个，颖壳淡紫色，花粉量少，花丝淡紫色，果穗筒形，穗长22.0厘米，穗粗5.5厘米，秃尖短，穗行数16行，行粒数40粒，单穗粒重250克，百粒重38克，出籽率90.3%，穗轴红色，籽粒橙黄色、马齿形。2011年农业部谷物品质监督检验测试中心测定：容重734克/升，粗蛋白质9.91%，粗脂肪4.34%，粗淀粉73.95%，赖氨酸0.31%。

生育期126天，较对照承706晚熟2天，属中早熟杂交品种。2010年中国农业科学院作物科学研究所抗性接种鉴定：中抗茎腐病，抗大斑病，抗小斑病，感丝黑穗病、高感玉米螟。该品种苗势旺，耐旱抗寒，活秆成熟，丰产性好，适应性广。

适宜地区

适宜宁夏宁南山区≥10 ℃有效积温 2 300 ℃以上地区春播单种。

注意事项

播种期 4 月 10—20 日，机播或人工播种。行距 60 厘米，株距 25 厘米，亩密度 4 500 株。适时收获。

技术来源：内蒙古西蒙种业有限公司

富农 821

品种来源

甘肃富农高科技种业有限公司以 9801×444 杂交选育而成。2008 年宁夏农林科学院固原分院和宁夏科泰种业公司引入。

特征特性

幼苗叶鞘淡绿，株型紧凑，株高 198 厘米，穗位高 76 厘米，茎粗 2.2 厘米，全株 18 片叶，叶色深绿，雄穗颖壳淡绿色，花药绿色，花粉黄色，雌穗花丝淡绿色，果穗筒形，穗长 19.0 厘米，穗粗 5.0 厘米，每穗 14～16 行，每行 38.3 粒，每穗 582 粒，单穗粒重 164.6 克，百粒重 33.0 克，出籽率 83.8%，轴白色，籽粒黄色、马齿形。2011 年农业部谷物品质监督检验测试中心（北京）测定：籽粒容重 711 克 / 升，粗蛋白（干基）10.89%，粗脂肪 3.62%，粗淀粉 73.11%，赖氨酸 0.34%。

生育期 138 天，较对照登海 1 号早熟 8～9 天，属早熟杂交品种。2011 年中国农科院作物所抗性接种鉴定：中抗小斑病、茎腐病，抗大斑病，感丝黑穗病、玉米螟，高感矮花叶病。该品种耐旱抗寒，抗倒伏，活秆成熟，丰产稳产。

技术要点

（1）种植方式：宁夏宁南山区海拔1 700～1 900米旱地采用地膜覆盖种植，根据土壤墒情，采用春、秋覆膜后播种或先播种后覆膜两种种植方式。行距50厘米，株距30厘米，亩密度4 000株。

（2）播种：播期4月10—20日，机播或人工播种。

（3）施肥：重施基肥，秋季亩施农家肥3 000～4 000千克、磷酸二氨10～15千克。合理追施氮、磷化肥及叶面肥。

（4）加强管理：种子包衣防病害，田间及时防治病虫害；适时收获。

适宜地区

适宜宁夏宁南山区海拔≤1 900米旱地覆膜种植，需≥10 ℃有效积温2 500 ℃。宁南山区旱地区域试验3年平均亩产621.8千克，较对照增产35.9%。

技术来源：甘肃富农高科技种业有限公司

先玉 698

品种来源

铁岭先锋种子研究有限公司于 2003 年以 PII6WC 为母本，以 PH4CN 为父本组配而成的单交种。母本来源于 PH01N×PH09B 杂交选系，父本来源于 PH89B×PHR03 杂交选系。

特征特性

花丝紫色，花药绿色，颖壳绿色，果穗筒形，穗柄短，苞叶适中，穗长 20.2 厘米，穗行数 14～18 行，穗轴红色，籽粒黄色，粒形为马齿 x 形，百粒重 43.1 克，出籽率 83.7%。

经农业部农产品质量检验测试中心（沈阳）测定，容重 754.5 克／升，粗蛋白含量 9.76%，粗脂肪含量 3.26%，粗淀粉含量 75.48%，赖氨酸含量 0.32%。

生育期 145 天，中抗小斑病、茎腐病，抗大斑病。耐旱抗寒，抗倒伏，丰产稳产。

适宜地区

适宜宁夏宁南山区≥10 ℃有效积温2 400 ℃以上地区春播单种。

注意事项

播种期4月10—20日，机播或人工播种。行距50厘米，株距30厘米，亩密度4 500株。适时收获。

技术来源：铁岭先锋种子研究有限公司

五谷 704

品种来源

甘肃五谷种业有限公司用自育系 WG6320 作母本与自育系 WG5603 作父本组配而成。2012年12月24日经第三届国家农作物品种审定委员会第一次会议审定通过，审定编号：国审玉2012011。

特征特性

西北春玉米区出苗至成熟 129 天。幼苗叶鞘浅紫色，叶片绿色，叶缘紫色，花药绿色，颖壳绿色。株型紧凑，株高 300 厘米，穗位 121 厘米，成株叶片数 20 片。花丝浅紫色，果穗筒形，穗长 18.8 厘米，穗行数 16～18 行，穗轴红色，籽粒黄色、马齿形，百粒重 35.9 克。接种鉴定，中抗大斑病和茎腐病，感小斑病和丝黑穗病，高感矮花叶病和玉米螟。籽粒容重 759 克 / 升，粗蛋白含量 9.05%，粗脂肪含量 4.25%，粗淀粉含量73.89%，赖氨酸含量 0.28%。

技术要点

中等肥力以上地块栽培，4月中下旬播种，密度5 000～6 000株/亩。

适宜地区

适宜在甘肃、宁夏、新疆①、陕西榆林、内蒙古西部地区春播种植。

注意事项

注意防治矮花叶病、玉米螟和红蜘蛛。

五谷704 植株

技术来源：甘肃五谷种业有限公司

———————————

① 新疆维吾尔自治区，全书简称新疆。

第二节 小麦新品种

陇鉴 108

品种来源

甘肃省农业科学院旱地农业研究所选育。以长武 134 为母本，临远 3158 为父本杂交选育而成。

特征特性

普通冬小麦品种，幼苗生长习性半匍匐，叶片宽、上举，生育期 276 天，株高 92 厘米，株型紧凑。穗长 7.9 厘米，小穗数 18 个左右，穗粒数 36 粒，穗纺锤形，护颖白色，长芒，籽粒红色，长圆形。穗粒数 36 粒，千粒重 40.6 克，籽粒饱满，容重 801.3 克/升，越冬率 97%，抗寒，抗旱，抗青干。对条锈病免疫，感白粉病，中抗穗发芽。蛋白质含量 15.66%，湿面筋 33.0%，面团形成时间 3.5 分钟，稳定时间 1.9 分钟，粉质质量指数 48 毫米，延伸性（E, 135）172 毫米，面条品质好。

适宜地区

该品系适宜在甘肃省庆阳市的正宁县、镇原县、合水县、宁县、庆城县、华池县、西峰区，平凉市的灵台县、崆峒区、泾川县及崇信县等地种植。也可在宁夏南部的固原及六盘山以西的半干旱山区彭阳等地示范种植。

注意事项

该品种株高较高，施足底肥，减少追肥，避免株高过高导致后期倒伏，适时收获。

技术来源：甘肃省农业科学院

陇鉴 110

品种来源

甘肃省农业科学院旱地农业研究所选育。以陇鉴 127 为母本、兰天 29 为父本杂交选育而成。

特征特性

冬性，幼苗半匍匐，株高 95 厘米，穗长 8.3 厘米，穗纺锤形，长芒，白粒。穗粒数 37 粒，千粒重 34 克，容重 812 克 / 升。含粗蛋白质 15.22%，湿面筋 39.3%，稳定时间 4.3 分钟。生育期 270 天。苗期长势强，抗旱、抗寒、抗干热风，中抗条锈病。

适宜地区

适宜在甘肃省旱地冬麦品种类型区、宁夏南部种植。

注意事项

该品种株高较高，肥力宜偏低，适时收获，防止干热风。

技术来源：甘肃省农业科学院

宁冬 13 号

品种来源

宁夏农林科学院固原分院 2004 年引入优系洛9073 中采用集团选择法选育而成的。2009 年经宁夏回族自治区农作物品种审定委员会审定。审定编号：宁审麦 2009030。

特征特性

根系发达，分蘖力强，抗倒。株高 75～88 厘米，穗长 6.3 厘米，结实小穗 14.6 个，穗粒数27.5～32.8 粒，千粒重 32.9～35.9 克，单株粒重1.0～1.4 克。红粒、角质，籽粒饱满，熟相好。粗蛋白（干基）15.24%，降落数值348，湿面筋30.9%，Zeleny 沉降值33.2毫升，吸水量64.3毫升/100 克，面团形成时间 3.9 分钟，稳定时间 2.4分钟，弱化度112F.U.，粉质质量指标57.0毫米。冬性中早熟品种，灌浆速度快，生育期260～278天。抗旱、抗寒、高抗黄矮病、轻感条锈，耐锈性强。越冬率 88%～94%。

适宜地区

宁夏及周边降水量200～600毫米，海拔1 000～1 800米，半干旱区及阴湿、半阴湿地区种植。

技术来源：宁夏农林科学院固原分院

宁冬 16 号

品种来源

宁夏农林科学院固原分院选育，以西峰 20 号与长 6878 杂交，经 15 年培育、水旱交替选育而成。2015 年通过宁夏回族自治区农作物品种审定委员会审定，审定编号：宁审麦 2015003。

特征特性

中早熟。幼苗半匍匐状，根系发达，越冬性能较好，韧性强，抗到，穗下节较长，一般可达 30～40 厘米，叶片中等，株型紧凑，群体结构好。株高 95 厘米左右，穗长 8～9 厘米，穗纺锤形，长芒、白壳、白粒半硬质，籽粒长圆形，结实小穗 13～16 个，每穗粒数 30 粒左右，最高可达 46 粒，单株粒重 1.3 克左右，千粒重 40 克左右，最高可达 53 克。全生育期 280～290 天，为冬性节水型水地早中熟品种，依靠主茎成穗为主。全株 5～6 叶，抗旱、抗青干能力强，耐瘠薄性能较好，高抗秆锈、赤霉、白粉等病害。

适宜地区

适宜宁南山区半干旱区及阴湿、半阴湿地区种植的冬性品种。

技术来源：宁夏农林科学院固原分院

品育 8012

品种来源

山西省农业科学院小麦研究所选育。以临优20165 为母本、济麦 22 为父本杂交，经多代选育而成。2018 年通过山西省品种审定委员会审定，审定编号：晋审麦 20180001。

特征特性

冬性，生育期 238 天，与对照良星 99 熟期相当。幼苗半匍匐，叶片宽短，叶色浓绿，分蘖力较强。平均株高 81.6 厘米，株形紧凑。茎叶有蜡质，旗叶直立，穗层整齐，熟相中。穗长方形，穗长 7.9 厘米，长芒，白壳，白粒，硬质，籽粒长圆形。护颖卵形，颖肩斜肩，颖嘴中弯，小穗密度中。穗粒数 35 粒，千粒重 43.8 克。

参加山西省南部中熟冬麦区水地组区试 2 年、生产试验 1 年，亩产分别为 565.0 千克和 561.4 千克，比对照良星 99 增产 6.4% 和 7.6%。

人工接菌鉴定：中感条锈病，中感叶锈病，近免疫白粉病。品质检测：籽粒容重 812.5 克 / 升，籽粒粗蛋白质（干基）含量 13.93%，湿面筋含量（以 14% 水分计）31.8%，稳定时间 1.9 分钟。

适宜地区

山西南部中熟冬麦区水地种植和黄淮麦区北片相同生态区引种种植。

注意事项

适宜播期 10 月上中旬，每亩基本苗 18 万～20 万苗。浇好拔节水和灌浆水，结合拔节水，亩追施尿素 10 千克。

品育 8012 冬小麦品种

技术来源：山西省农业科学院

舜麦 1718

品种来源

山西省农业科学院棉花研究选育。以澳洲 Gabo 与国内 32 个品种随机杂交选育而成。通过山西南部麦区、山西中部麦区、国家黄淮麦区北片 3 组区试审定，审定编号分别为：晋审麦 2007003、晋审麦 2009013、国审麦 2011009。

特征特性

冬性兼半冬性品种。胚芽鞘中长，幼苗半匍匐，分蘖能力强，株高 75 厘米，株型松散，秆强抗倒，穗纺锤形，小穗排列紧密，长芒，白壳，白粒，角质。胚体中等，腹沟中浅，冠毛中短。穗粒数 37.9 粒、千粒重 38～46 克。

参加黄淮冬麦区北片水地组区试 2 年、生产试验 1 年，亩产分别为 514.3 千克和 564.3 千克，比对照石 4185 增产 3.4% 和 4.3%。

人工接种鉴定：高感条锈病、叶锈病、白粉病、赤霉病，中感纹枯病。两年品质检测：籽粒容重 820 克/升、780 克/升，硬度指数 65.8，蛋白质含量 14.63%、14.28%；面粉湿面筋含量 31.2%、30.2%，沉降值 48.3 毫升、42 毫升，吸水率 62.2%、58.4%，稳定时间 8.2 分钟、11.3 分钟，最大抗延阻力 398E.U、518E.U，延伸性 162 毫米、151 毫米，拉伸面积 86 平方厘米、105 平方厘米。品质达强筋小麦品种标准。

适宜区域

山西南部中熟冬麦区水地和黄淮冬麦区北片水地种植。

舜麦 1718 冬小麦品种

注意事项

适宜播期 10 月上中旬，高水肥地每亩基本苗 18 万～20 万苗，中等地力每亩基本苗 20 万～22 万苗。播前药剂拌种防治前期蚜虫传播黄矮病毒。

技术来源：山西省农业科学院

晋麦 84 号

品种来源

山西省农业科学院棉花研究所育成。以运丰早 21 为母本、邯郸 5326 为父本杂交，经多代选育而成。2008 年通过山西省品种审定委员会审定，审定编号：晋审麦 2008001。

特征特性

半冬性，幼苗半匍匐，叶片较宽大。返青后植株生长旺盛，叶色灰绿，前期叶片半披，后期上举，分蘖成穗率较高。株高 75 厘米左右，叶耳红色。穗纺锤形，穗长 8 厘米左右，穗较粗，小穗排列紧密，中长芒，粒形短圆，籽粒白色，千粒重 45 克左右。抗倒性及抗寒性较好。

参加山西省南部中熟冬麦区高肥水地组区试 2 年、生产试验 1 年，亩产分别为 491.0 千克和 524.2 千克，比对照临丰 615 增产 8.3% 和 7.3%。

人工接菌鉴定：对条锈病免疫，中感叶锈病和白粉病。品质检测：容重 781 克 / 升，粗蛋白质 14.37%，湿面筋 26.1%，沉降值 31.0 毫升，吸水率 54.2%，形成时间 4.5 分钟，稳定时间 3.6 分钟，弱化度 99F.U，评价值 54。

适宜地区

山西南部中熟冬麦区高水肥地种植和黄淮冬麦区北片相同生态区引种种植。

注意事项

适宜播期 10 月中旬，亩基本苗 18 万~20 万苗。播前精细整地，施足底肥；浇好返青起身水和灌浆水；重病区和特殊年份适时喷粉锈宁，防止白粉病的发生。

晋麦 84 号（原名"运麦 494"）冬小麦品种

技术来源：山西省农业科学院

第三节 马铃薯新品种

宁薯 14 号

品种来源

宁夏农林科学院固原分院以青薯 168×宁薯 8 号杂交选育而成。2012 年经宁夏回族自治区农作物品种审定委员会审定。审定编号：宁审薯 2012001。

特征特性

鲜食菜用型晚熟品种，生育期 121 天。该品种株形直立，茎绿色，叶色浓绿，复叶大小中等，枝叶繁茂，长势强，株高 68～85 厘米，聚伞花序，花冠紫色。主茎 2～4 个，分枝 8 个，单株结薯 4～16 个，薯块较大且整齐，匍匐茎较短，结薯集中，商品率 85%。薯块长圆形，深红皮色，薯肉浅黄色，薯皮光滑，芽眼浅。干物质（鲜基）20.4%，粗淀粉（干基）71.24%，粗蛋白（鲜基）2.16%，还原糖（鲜基）0.397%，维生素 C（鲜基）13.0 毫克 /100 克。

田间轻感早疫病、环腐病、花叶病，中感卷叶病、晚疫病。生长势强，花繁茂，天然果多，抗旱耐瘠薄，薯块休眠期长，耐贮藏，丰产稳产，适应性好。

适宜地区

适宜宁夏南部山区干旱、半干旱及低温阴湿区春季种植。

注意事项

本品种为鲜食菜用型品种，不宜用于淀粉加工。另外，田间种植高度年际间变化较大，并且在阴湿区种植烂薯率高，生产中应加强栽培管理与贮藏管理。

宁薯 14 号品种植株（左）和薯块（右）

技术来源：宁夏农林科学院固原分院

宁薯 15 号

品种来源

宁夏农林科学院固原分院选育，是以宁薯 8 号×云南 6 号选育而成。2014 年通过宁夏回族自治区农作物品种审定委员会审定，审定编号：宁审薯 2014001。

特征特性

淀粉加工型中晚熟品种，生育期 105 天。该品种株形直立，株高 59 厘米，主茎 2 个，分枝少，茎秆粗壮，茎绿色，匍匐茎较短，叶色浓绿，复叶较大，聚伞花序，花冠白色，单株结薯 4 个以上，结薯集中，薯块较大且整体，商品薯率 73%，薯形扁圆，皮黄色，薯皮光滑，芽眼中等，薯肉黄色。干物质（鲜基）23.6%，粗淀粉（鲜基）21.4%，还原糖（鲜基）0.475%，维生素 C（鲜基）15.23 毫克 /100 克。

田间中抗早疫病、晚疫病，轻感环腐病、花叶病毒、卷叶病毒。出苗整齐，生长势强，枝叶繁茂，花繁茂，天然果实少，抗旱耐瘠薄，薯块休眠期长，耐贮藏。第一生长周期平均产量1 650.9千克/亩，比对照宁薯4号增产13.78%；第二生长周期平均产量1 505.1千克/亩，比对照宁薯4号增产5.8%。

适宜地区

适宜宁夏南部山区半干旱及低温阴湿区春季种植。

注意事项

本品种田间种植高度年际间变化较大，轻感早疫病，生产中应加强病害防控和栽培管理，采用脱毒种薯种植，尽量药剂拌种处理。

宁薯15号品种植株（左）和薯块（右）

技术来源：宁夏农林科学院固原分院

陇薯 10 号

品种来源

甘肃省农业科学院马铃薯研究所选育。以固薯 83-33-1 为母本、119-8 为父本组配杂交，2012 年 2 月 14 日通过甘肃省农作物品种审定委员会审定，审定编号：甘审薯 2012001。

特征特性

株型半直立，主茎分枝 2～3 个，株高 60～65 厘米。茎粗 12～15 毫米，茎绿色，茎横断面三棱形。叶片深绿色，表面有光泽，茸毛较少，叶缘平展，侧小叶 3～4 对，着生较密。结薯集中，薯形椭圆，薯皮光滑，黄皮黄肉，芽眼极浅，薯形评价好，食味优。晚熟，生育期 110 天左右。结薯集中，单株结薯 3～5 个，薯形整齐美观，大中薯重率一般 90% 以上。薯块休眠期长，耐运输，耐贮藏，适合菜用鲜食。薯块含干物质平均 22.16%，淀粉平均 17.21%，粗蛋白平均 2.39%，还原糖含量平均 0.57%；每亩产量为 1 447.0 千克左右。

技术要点

采用脱毒种薯，晒种催芽后切块播种。一般每亩种植 3 000～4 000 株。

适宜地区

适宜甘肃省高寒阴湿、二阴地区及半干旱地区推广种植。

注意事项

播前深施有机肥，要重施底肥而且氮、磷、钾配合，早施追肥，切忌氮肥过量。收获前一周割掉薯秧，运出田间，以便晒地和促使薯皮老化。收获时薯块要轻拿轻放，尽量避免碰撞，减少病菌侵染，提高贮藏效果。

马铃薯新品系 92-24-114(陇薯 10 号)

陇薯 10 号薯块

技术来源：甘肃省农业科学院马铃薯研究所

青薯9号

品种来源

青海省农林科学院生物技术研究所以3875213×APHRODITE选育而成，2006年通过青海省国家农作物品种审定委员会审定，审定编号：青审薯200600。

特征特性

中晚熟，生育期125天左右，全生育期165天左右、株高65厘米、茎粗1.52厘米、幼苗生长强、株丛繁茂性强、叶色浓绿、花色淡紫、结薯集中、薯形长椭圆形、红皮、肉色淡黄、皮光滑、芽眼较浅，芽眼数9.3个，红色；芽眉弧形、脐部凸起休眠期45天。商品薯率85.6%、单株结薯数8.6个，单株产量945克，单薯平均重117.39克。单产4 949千克/亩。植株耐旱，耐寒。抗晚疫病，抗环腐病。块茎淀粉含量19.76%，还原糖0.253%，干物质25.72%。一般水肥条件下亩产量2 250～3 000千克；高水肥条件下亩产量3 000～4 200千克。

技术要点

结合深翻亩施有机肥 2 000～3 000 千克，尿素 6.21～10.35 千克，五氧化二磷 8.28～11.96 千克，氧化钾 12.5 千克。4 月中旬至 5 月上旬播种，采用起垄等行距种植或等行距平种，播深 8～12 厘米。亩播量 130～150 千克，行距 70～80 厘米、株距 25～30 厘米，密度 3 200～3 700 株。

适宜地区

适宜在青海省海拔 2 600 米以下的东部农业区、柴达木灌区以及甘肃西北部二阴地区种植。

注意事项

收获前一周割掉薯秧，运出田间，以便晒地和促使薯皮老化。收获时薯块要轻拿轻放，尽量避免碰撞，减少病菌侵染，提高贮藏效果。

技术来源：青海省农林科学院

青薯 9 号薯块

冀张薯 8 号

品种来源

河北省高寒作物研究所以 720087 做母本，X4.4 做父本，采用有性杂交系统选育而成。

特征特性

中晚熟品种，该品种生长势强，株型直立，株丛繁茂，出苗后生育期 99 天。株型直立，株高 68.7 厘米，茎、叶绿色，单株主茎数 3.5 个，花冠白色，天然结实性中等，块茎椭圆形，淡黄皮、乳白肉，芽眼浅，薯皮光滑，单株结薯 5.2 个，商品薯率 75.8%。接种鉴定：高抗轻花叶病毒病、重花叶病毒病，轻度至中度感晚疫病。块茎品质：鲜薯维生素 C 含量 16.4 毫克 /100 克，淀粉含量 14.8%，干物质含量 23.2%，还原糖含量 0.28%，粗蛋白含量 2.25%；蒸食品质优。

适宜地区

适宜在河北省张家口和承德、山西省大同和忻州、内蒙古呼和浩特和乌兰察布市、陕西省榆林等中晚熟地区种植以及宁夏宁南山区干旱、半干旱及低温阴湿区种植。

技术来源：河北省高寒作物研究所

庄薯 3 号

品种来源

庄浪县农业技术推广中心选育而成高淀粉型品种。

特征特性

该品种株型直立，株丛繁茂，生长势强，株高 82.50～95 厘米，茎绿色，叶片深绿色，叶片中等大小，分枝数 3～5 个，复叶椭圆形，对生，花淡蓝紫色，天然结实性差，植株生长整齐，结薯集中，薯块扁圆形，黄皮黄肉，芽眼淡紫色，薯皮光滑度中等，块茎大而整齐，商品薯率 90% 以上，晚熟，全生育期 160 天以上。感染晚疫病（按 5 级标准划分），病级为 2。薯块干物质含量 26.38%，淀粉含量 20.5%，粗蛋白含量 2.15%，维生素 C 含量 16.22 毫克 /100 克，还原糖含量 2.80%。平均亩产在 2 500 千克以上。具有抗倒伏，抗旱耐瘠，高抗晚疫病，较抗病毒病。淀粉含量高，品质好，适应性广，高产稳产等特点。

适宜地区

适宜在甘肃省平凉市、天水市、定西市、武威市以及宁夏南部山区半干旱及阴湿区种植。

技术来源：甘肃省庄浪县农业技术推广中心

黑美人

品种来源

甘肃兰州陇神航天育种研究所借助我国卫星技术，经过诱变、株系选育、杂交培育、扩繁选育而成的马铃薯新品种。

特征特性

幼苗直立，株丛繁茂，株形高大，生长势强。株高 60 厘米，茎粗 1.37 厘米，茎深紫色，横断面三棱形；主茎发达，分枝较少；叶色深绿，叶柄紫色，花冠紫色，花瓣深紫色。薯体长椭圆形，表皮光滑，呈黑紫色，乌黑发亮，富有光泽。薯肉深紫色，致密度紧，外观颜色诱惑力强。淀粉含量 13～15%，口感香面品质好。芽眼浅，芽眼数中等。结薯集中，单株结薯 6～8 个，单薯重120～300 克。全生育期 90 天，属中早熟品种，耐旱耐寒性强，适应性广，薯块耐贮藏。抗早疫病、晚疫病、环腐病、黑胫病、病毒病，一般亩产 1 500～2 000 千克。

适宜地区

适宜全国马铃薯主产区、次产区栽培。

技术来源：甘肃兰州陇神航天育种研究所

第四节 谷子新品种

陇谷 11 号

品种来源

甘肃省农业科学院作物研究所以 8519-3-2 为母本、DSB98-6 为父本杂交选育而成。

特征特性

该品种成株绿色，株高 127.8 厘米，茎粗 1.15 厘米，主茎可见节数 12.5 节。穗长棒形，穗码较紧，刚毛短。穗长 26.9 厘米。单株穗重 32.9 克，穗粒重 26.2 克，千粒重 4.1 克，单株草重 32.0 克，出谷率 79.6%。黄谷黄米，米质粳性。出米率 81.8%。含粗蛋白 1.61%，粗脂肪 4.64%，赖氨酸 0.36%。抗旱性较强，抗倒伏，抗谷子黑穗病。2007－2008 年多点试验，平均亩产 280.95 千克，较陇谷 6 号增产 8.68%。

技术要点

甘肃省中部和河西地区，适宜播期 4 月 25 日前后，陇东地区可推迟至 5 月上旬播种。旱地每亩播量 0.5～0.75 千克，基本苗 2.5 万～3.0 万株为宜；水地播量 0.75～1.0 千克，基本苗 3.5 万～4.5 万为宜。基肥施入宜占总施肥量的 70%，一般每亩施入农家肥 2 000～3 000 千克、尿素 10～15 千克、磷肥 20～25 千克，适宜的氮磷比是 1 ：（0.45～0.65）。

适宜地区

适宜在甘肃、宁夏海拔 1 900 米以下谷子产区种植。

注意事项

春播 4 月 20 日前后，最迟不能迟至 5 月上旬。一般田块 2.5 万～3.0 万株/亩，高水肥条件地区可控制在 3.0 万～3.5 万株/亩。

技术来源：甘肃省农业科学院

第五节 糜子新品种

固糜 21 号

品种来源

宁夏农林科学院固原分院以宁糜 9 号为母本，60-333 为父本，通过品种间有性杂交选育。2013 年全国小宗粮豆品种鉴定委员会鉴定，审定编号：国品鉴杂 2013009。

特征特性

该品种根系发达，茎、叶、花序绿色，叶下披，有短绒毛。生育期 101 天。适应性好，抗逆性强。历年试验、示范田间自然鉴定，无黑穗病及其他病害发生。株高 133.0～137.0 厘米，主茎节数 7 节。侧穗，主穗长 33.0～38.4 厘米，穗重 4.4～5.9 克，株粒重 6.6～10.5 克，千粒重 6.6 克。籽粒花色，白底有红点，饱满有光泽。米色黄，粳性。碳水化合物含量 74.5%，蛋白质含量 13.1%，脂肪含量 3.7%。平均单产 250 千克/亩以上，最高达到 377 千克/亩。

技术要点

施肥以底肥为主，一般每亩施农家肥 2 000 千克、磷酸二铵 7～10 千克、种肥尿素 2.5 千克，先施种肥，后播种子，防止烧苗。年均气温 6～7 ℃半干旱区 5 月中旬至 6 月中旬等雨抢墒播种，年均气温≥7 ℃地区 5 月中旬至 7 月上旬有雨均可播种。播量为 1.5 千克 / 亩，保苗 8 万～10 万株。

适宜地区

适宜在内蒙古达拉特、呼和浩特，陕西府谷、榆林，河北张家口，宁夏盐池、固原，甘肃会宁等地种植。

注意事项

注意把握成熟期，早霜来临前及时收获，以防落粒。

技术来源：宁夏农林科学院固原分院

宁糜 15 号

品种来源

宁夏农林科学院固原分院以"鼓鼓头 × 紫秆红"稳定系为母本，以 45-6 为父本杂交选育而成。2006 年 7 月全国小宗粮豆品种鉴定委员会鉴定，审定编号：国品鉴杂 2006028。

特征特性

该品种幼苗叶鞘、叶片绿色，花序紫色，叶下披，茸毛较多。糯性，中熟，生育期 106 天左右。株高 140 厘米左右，主茎直径 0.6 厘米，主茎节数 7～8 节。有分蘖。侧穗型，穗长 30 厘米，穗颈长 21 厘米左右，单株粒重 5 克，千粒重 7 克，籽粒红色，米色淡黄，出米率 82%。苗期耐旱性较强，抗倒伏，落粒轻。籽粒粗蛋白质含量 12.74%，粗脂肪含量 3.85%，粗淀粉含量 58.65%，2003—2005 年参加全国糜子（糯性）品种区域试验，平均产量 212 千克 / 亩，比对照雁黍 3 号增产 10.5%。2005 年生产试验平均产量 218.5 千克 / 亩，比对照雁黍 3 号增产 15.4%。

技术要点

年均温 6～7 ℃的半干旱区，5 月中旬至 6 月中旬等雨抢墒播种；年均气温≥7 ℃地区，5 月中旬至 7 月上旬有雨均可播种。播量 1.5 千克/亩左右。

适宜地区

适宜宁夏固原，山西大同，陕西榆林，甘肃平凉、榆中种植。

注意事项

有机肥、化肥播前一次性施入。出苗后及时破板结，确保全苗。生育期间注意松土除草，后期注意防治麻雀危害；及时收获，以防落粒。

技术来源：宁夏农林科学院固原分院

第六节 荞麦新品种

云荞 2 号

品种来源

云南省农业科学院生物技术与种质资源研究所应用系统选育方法选育的苦荞麦新品种。2012年9月，通过国家小宗粮豆品种鉴定委员会的鉴定。

特征特性

云荞 2 号属中晚熟品种。株型紧凑直立，株高 107.5～120.7 厘米，属中高秆型品种。叶片和主茎呈绿色，主茎分枝 4.8～7.2 个，主茎节数13.7～16.0 节。花呈黄绿色，雌雄蕊等长，自交结实。籽粒灰色，长三棱形。单株粒重 3.4～7.4 克，结实率高；千粒重 18.4～21.1 克，籽粒较大；产量 143～186 千克/亩，属高产品种。耐寒、耐旱、无病虫害。2012 年西北农林科技大学测试中心对云荞 2 号进行品质分析：云荞 2 号的蛋白质含量16.1%～16.6%，黄酮含量 1.7%～1.9%，碳水化合物含量 63.9%～70.7%，脂肪含量 2.8%～3.5%，属高蛋白、高黄酮含量的品种。

技术要点

条播的适宜播种量为 2 千克/亩左右，撒播的适宜播种量为 4 千克/亩左右。

适宜地区

适宜在云南迪庆、云南昆明、四川西昌、贵州威宁、甘肃定西、甘肃庆阳、宁夏固原等地及与这些地区相近的生态区域进行推广种植。

注意事项

在田间植株籽粒有 70% 成熟时及时收获，以减少落粒造成的损失。

技术来源：云南省农业科学院

定甜荞 2 号

品种来源

定西市农业科学院（原定西市旱作农业科研推广中心）选育。从内蒙古自治区翁牛特旗土肥站引进日本甜荞麦品种大粒荞，筛选留种经过品鉴试验、品比试验、区域试验和生产试验及示范。2009 年 8 月通过甘肃省科技厅组织的技术鉴定，2010 年 4 月通过甘肃省农作物品种审定委员会认定，审定编号：甘认荞 2010001。

特征特性

定甜荞 2 号属中熟品种，生育期 80 天。株高 80.8 厘米，株型紧凑。主茎分枝 4.4 个，主茎节数 10.3 节，单株粒重 2.8 克，千粒重 30.2 克。茎秆紫红色，花淡红色，淡香味，异花授粉；籽粒黑褐色，三棱形，落粒轻。褐斑病病叶率为 34.28%，病情指数为 9.89，籽粒含粗蛋白（干基）136.6 克/千克、粗淀粉 599.6 克/千克、赖氨酸 14.3 克/千克、粗脂肪 29.6 克/千克、芦丁 30.3 克/千克、水分 12.3%。平均产量 93.2 千克/亩，较对照品种日本大粒荞增产 18.0%。

技术要点

（1）精细整地，适期播种，6 月下旬至 7 月初播种。

（2）播前晒种和良种精选，每亩播种量 3.0～5.0 千克。

（3）适当施用氮、磷肥，一般亩施尿素 3.0～5.0 千克，五氧化二磷 8.0～10.0 千克，农家肥 2 000～3 000 千克。

（4）全株 80% 籽粒成熟，呈现本品种固有光彩时收获。

适宜地区

适宜甘肃省中东部地区的定西、白银、天水、陇南等降水量为 350～600 毫米、海拔 2 500 米以下的半干旱区以及宁夏回族自治区南部山区的同类生态区种植。

注意事项

脱粒后晾晒，籽粒含水量降到 13% 以下入库储存。

技术来源：定西市农业科学院

第二章

作物高效栽培新技术

第一节　旱作农田栽培技术

旱作粮田保护性轮耕增产技术

技术目标

该技术适合于渭北旱塬半湿润区冬小麦和春玉米田全程机械化保护性耕作与栽培。由秸秆覆盖免耕、秸秆覆盖深松和秸秆还田翻耕相互轮换，组成适宜的保护性土壤轮耕模式，能克服长期单一耕作措施的不足，保墒培肥和增产节本效果显著，土壤有机质含量增加15%～20%，粮食增产10%～18%，水分利用效率提高16%～20%。

技术要点

1. 休闲期土壤轮耕模式

在不同年份或不同生长季节间，将秸秆覆盖免耕、秸秆覆盖深松和秸秆还田翻耕等各类土壤耕作措施进行轮换，组成几种适宜的旱作粮田休闲期土壤轮耕模式："深松→免耕"模式、"深松→翻耕"模式、"翻耕→免耕"模式或"深松→免耕→翻耕"模式，即每隔1～2年轮换深松、免耕或翻耕措施，在不同年份间形成"深松→免耕""深松→

翻耕""翻耕→免耕"2年轮耕模式或"深松→免耕→翻耕"3年轮耕模式。

2. 作物秸秆还田技术

在前茬冬小麦和春玉米收获时，采用联合收获机脱粒或摘穗收获，将秸秆留高茬和粉碎还田，留茬高度15～20厘米，秸秆长度5～10厘米，将秸秆残茬均匀覆盖于地表。春玉米也可在人工收获后采用秸秆粉碎还田机粉碎还田，在冬春季风大时可选择玉米整秸秆覆盖。在夏闲期或冬闲期，作物秸秆和残茬应全部保留在田间，秸秆覆盖度不低于30%。根据休闲期杂草发生情况，宜适时喷施除草剂1～2次。

3. 休闲期土壤轮耕技术

根据选用的土壤轮耕模式，在不同年份或季节中可选择秸秆覆盖免耕、秸秆覆盖深松和秸秆还田翻耕等不同耕作措施。

（1）秸秆覆盖深松：在前茬实施免耕或翻耕1～2年后，可选择深松进行轮换。在前茬作物收获、秸秆粉碎覆盖后尽早实施，采用深松机作业，深松深度30～35厘米，深松间隔40～60厘米，要求不翻动土壤，少破坏地表秸秆覆盖，休闲期间保留全部残茬。

（2）秸秆覆盖免耕：在前茬实施深松或者翻

耕 1～2 年后，可选择免耕进行轮换。在前茬作物收获、秸秆粉碎覆盖后，不采取任何疏松或者翻转土壤作业，也不采取任何表土处理，休闲期间保留全部残茬。

（3）秸秆还田翻耕：在前茬实施深松或者免耕 1～2 年后，可选择翻耕进行轮换，也可选择翻耕翻埋有机肥。在前茬作物收获、秸秆粉碎覆盖后尽早实施翻耕，采用铧式犁全面翻耕土壤，翻埋秸秆残茬或有机肥，翻耕深度 20～25 厘米，休闲期地表疏松裸露。

（4）播前整地：在冬小麦和春玉米播前，如地表不平整、作物残茬和杂草较多，可采用旋耕机浅旋平整地表，形成适合播种的表土层。在冬小麦与春玉米轮作田，在秋季春玉米收获后播种冬小麦前，采用秸秆粉碎机将直立的玉米秸秆粉碎至 3～5 厘米长度还田，再进行旋耕整地，以利提供冬小麦播种质量。若冬闲期采用了玉米整秸秆覆盖方式，可在次年春季玉米播前将长秸秆粉碎至 3～5 厘米长度还田，再进行旋耕整地。

4. 旱作粮田施肥技术

（1）冬小麦施肥：渭北旱地冬小麦施尿素 10～12 千克/亩，磷酸二铵（P_2O_5）6～8 千克/亩，氯化钾（K_2O）5～6 千克/亩。全部磷肥、钾肥及 70%～80% 的氮肥，可结合播前整地旋耕混合底施，施肥深度 10～15 厘米，也可在冬小麦播种时一次性完成播种和施肥，剩余氮肥在冬小麦返青期追施。也可选择冬小麦专用缓控释肥一次性基施，免去追肥。

（2）春玉米施肥：渭北旱地春玉米施尿素 15～17 千克/亩，磷酸二铵（P_2O_5）6～8 千克/亩，氯化钾（K_2O）5～6 千克/亩。全部磷肥、钾肥及 70%～80% 的氮肥，结合播前整地一次性施入，深度 10～15 厘米，剩余氮肥在大喇叭口期追施。也可在播种时选择玉米专用缓控释肥一次性基施。

5. 旱作粮田播种技术

（1）品种选择：宜选用丰产、优质、抗旱、抗当地主要病虫害的优良品种，冬小麦品种可选西农 928、普冰 151、长旱 58、长航 1 号、晋麦 47、长 6359、铜麦 6 号、中麦 175 等品种。春玉米品种可选郑单 958、先玉 335、榆单 9 号、陕单 609 等优良杂交品种。

（2）适期播种：渭北旱塬冬小麦适宜播期为 9 月 15 日—10 月 10 日，即日平均气温达到 16～18 ℃时适宜播种。春玉米适宜播期为 4 月 15 日—5 月 10 日，即日平均气温 16～18 ℃，地温

（深度 5～10 厘米）稳定在 10℃以上时适宜播种。

（3）播种方法：冬小麦采用条播方式，播深 3～5 厘米，行距 20～25 厘米。播量 10～12.5 千克/亩，基本苗数 20 万～55 万株/亩。春玉米采用宽行条播方式行距 50～60 厘米，株距 25～30 厘米，或者宽窄行播种行距为 40 厘米+80 厘米，播深 3～5 厘米。播量 2.5～3 千克/亩。种植密度 3 500～5 000 株/亩。播后田面镇压，压实表土。

6. 田间管理技术

（1）苗期管理：小麦和玉米出苗后，适时查苗和补苗，及时间苗和定苗。根据杂草发生情况，及时进行人工除草或化学除草。

（2）追施氮肥：在冬小麦返青期或春玉米拔节期择雨后墒情好时适时追施尿素（N）2～4 千克/亩。

（3）病虫害防治：根据渭北旱塬小麦和玉米主要病虫害发生状况，如冬小麦条锈病、小麦白粉病、小麦蚜虫、红蜘蛛、蛴螬等，玉米瘤黑粉病、玉米丝黑穗病、玉米大小斑病、玉米茎腐病、玉米螟、玉米黏虫等，采取药剂拌种、种子包衣、叶面喷雾、毒饵灌心叶等防治措施。

（4）适时收获：在完熟期，籽粒含水量小麦 20% 以下、玉米 25% 以下时，采用联合收获机适时脱粒或摘穗收获。

适用范围

适用于渭北旱塬一年一熟旱作玉米和小麦田。

免耕播种和休闲期深松

技术来源：西北农林科技大学

旱作农田沟垄集雨抗旱节水种植技术

技术目标

该技术以田面起垄、垄上覆膜产流、沟内集雨种植，沟垄相间，形成水分叠加作用，即在每次降雨时，将1亩面积范围内的降水量集中到0.5～0.7亩面积利用。利用大沟垄增加雨水就地入渗，达到蓄水增墒作用，垄面覆膜可大大减少土壤水分无效蒸发面积，从而提高水分生产转化效率，使作物实现抗旱节水增产增收。

技术要点

1. 沟垄集雨带比及种植

年降水量350毫米以下旱区旱地农业生产中，适宜推广应用的垄沟如下。

（1）垄：沟＝60厘米：60厘米，谷子、糜子、小麦、豌豆、胡麻、苜蓿等密植作物，沟内种植4行，玉米、马铃薯2行。

（2）垄：沟＝40厘米：40厘米，带形，谷子、糜子、小麦、豌豆、胡麻、玉米和苜蓿等作物，沟内种植2行。

（3）垄：沟＝60厘米：40厘米，谷子、糜子、小麦、豌豆、胡麻、苜蓿等密植作物在沟内种植4行，玉米、马铃薯2行。

年降水量350毫米以上旱区旱地农业生产中，适宜推广应用沟垄比为60厘米：60厘米（种植作物及播种行数同上）；90厘米：60厘米（谷子、糜子、小麦、豌豆、胡麻、苜蓿等密植作物在沟内种植6行，马铃薯2行）。

2. 整地起垄覆膜

起垄以高出沟面12～15厘米为宜，垄上覆微膜（厚度为0.005～0.009毫米微膜，宽度依据覆膜垄面宽度确定），沟内种植作物。构筑成型的微集流带成为沟垄相间的带状单元。覆膜时要注意使沟垄形成一定坡面落差，使垄面向沟内产生径流作用。

3. 基施肥料

一种方法是秋覆膜，秋基施肥料。在沟内种植带亩施有机肥3 000千克左右，或亩秋施磷酸二铵10～15千克、尿素10千克。另一种方法在春季播种前起垄覆膜，春季基施肥料。在沟内种植带亩施有机肥3 000千克左右，无机肥可根据实际情况适当减少，分次补充追肥。

4. 加强田间管理

覆膜后要经常检查，发现地膜被风吹起或者

破损，应及时加固封严，同时清除田间杂草。遇降雨形成板结要及时采取破除板结，发现缺苗断垄应及时补种或催芽点播，保证全苗，及时间苗定苗。当幼苗长到3～4片叶时及时间苗，5～6片叶时定苗，每穴留1株生长旺盛的壮苗。适时追肥，补灌（拔节期和孕穗期），及时防治病虫害，如黏虫和玉米螟。

适用范围

此项技术适应范围广，在年降水量250～500毫米的干旱、半干旱区的旱地、原台地、水平梯田或者缓坡耕地均可推广应用；适应作物为谷子、糜子、玉米、马铃薯等作物。

技术来源：宁夏大学

全膜双垄沟覆盖集雨机艺一体化
绿色增产技术

技术目标

该技术增加耕层水分，增温快，较露地增产20%以上；实现了膜上电动精量播种，作业效率较人工提高6倍；配套整地、覆膜、喷药、施肥、灭茬一体机，收穗机，残膜回收机，全程实现机械化作业，有效解决黄土高原干旱半干旱玉米种植区玉米春季水温不足及机械化作业等技术问题。

技术要点

1. 整地施肥

在旱作农业区为春耕和秋耕，春耕在3月下旬，秋耕在10月下旬至11月上旬，根据生产需要和当地土壤水分情况选择耕作时间，耕深20～25厘米；施肥量为尿素26.1～32.6千克/亩，过磷酸钙44.4～55.6千克/亩，氮肥可选择大颗粒树脂包裹尿素；选择辛硫磷为地下害虫杀虫剂，每亩施用1.5千克，掺和在肥料中施入；在整地时，选用施肥、旋耕一体机，两种肥料一次性基施，不在追肥，整地要求地面平整、无土块。

2. 喷药起垄覆膜

整地完成后立刻起垄覆膜，覆膜时选用 10 微米，宽度为 120 厘米，有条件地区选用生物可降解地膜；起垄后喷施乙草胺等除草剂，每亩用量 120~~150 毫升，对水 45 千克喷施于地表；起垄时应为宽窄行，宽行 70 厘米，高度 10 厘米，窄行 40 厘米，高度 15 厘米，覆膜时在沟内覆 1 厘米细土，防止大风揭膜，选择喷药、起垄、覆膜一体机，喷药、起垄覆膜同时完成。

3. 品种选择

选择抗旱、耐密、中早熟玉米良种，如先玉 335、陇单 10 号、陇单 9 号等。

4. 播 种

在 4 月中下旬土壤平均温度通过 10 ℃开始播种，根据当地降水量选取播种密度，原则为 1 毫米降水承载 10 株玉米；播种时选用膜上精量穴播机，单粒播种，在目标密度增加 15%。

5. 田间管理

（1）及时放苗：玉米出苗后及时查看玉米顶土情况，贴膜生长的及时放苗。

（2）杂草清理：膜下杂草出现顶膜时及时处理，防止顶破地膜，保墒保温效果降低。

（3）病虫害防治：及时查看病虫发生情况，如有病情、虫害发生及时喷药防治。黏虫用 20% 速灭杀丁乳油 2 000～3 000 倍液喷雾，在大喇叭口期用 50% 辛硫磷乳油拌毒砂防治玉米螟，防治红蜘蛛用 73% 克螨特乳油 100 倍液喷雾，防治玉米大小斑病用 40% 克瘟散乳剂 500～1 000 倍液或 50% 甲基托布津悬乳剂 500～800 倍液叶面喷洒。

6. 适时收获

玉米生理成熟后，籽粒含水量降至 25% 以下时，可以选择籽粒直收机，如赶种下茬作物，可选用果穗采收。

7. 残膜处理

使用普通地膜在玉米收获后采用可二次利用，清理秸秆后直接播种冬小麦或者冬油菜；残膜采用残膜捡拾机回收。

适用范围

该技术适宜在黄土高原干旱半干旱玉米种植区域推广。

覆膜、播种、收获和地膜捡拾作业

技术来源：甘肃省农业科学院

全膜覆膜穴播栽培技术

技术目标

该技术集成覆盖抑蒸、膜面播种穴集雨、留膜免耕多茬技术种植等技术于一体，集雨保墒效果极其显著，使旱地小麦在干旱加冻害极端气候条件下较露地条播平均亩增产57.14%。

技术要点

1. 播　　期

一般播期应比当地露地小麦播期推迟15～20天。

2. 播种方法

播种时单行穴播机采用同膜同一方向播种，可减轻种植穴和地膜孔错位现象，减少放苗次数。即在相邻的两膜上第一次去时在前一膜上播种，来时在第二膜上播，第二次去时又在第一膜上种，来时又在第二膜上种。

3. 播种深度和密度

播种深度一般为3～5厘米度为亩穴数在3万穴左右，每穴6～10粒。70厘米地膜种4行，120厘米地膜种 7～8 行。穴距一般由穴播机规格而定。

4. 播种量

亩播种量 9～10 千克。

5. 田间管理

（1）苗期管理：地膜小麦采用穴播，如有穴苗错位膜下压苗，应及时放苗封口。覆膜后有少量杂草钻出地膜，需人工除草。

（2）中后期管理：结合防治病虫害，用磷酸二氢钾、多元微肥及尿素等进行叶面追肥，补充营养，拔节初期喷多效唑和矮壮素，防止倒伏，增强抗旱能力，促进灌浆，增加粒重，提高产量。

（3）病虫害防治：小麦病虫害种类繁多，条锈病、白粉病、红黄矮病、全蚀病、麦蚜、麦红蜘蛛、中华鼢鼠及地下害虫常年发生，危害面广，要及时防治。小麦条锈病每亩可用 12.5% 禾果利可湿性粉剂 30～35 克，25% 丙环唑乳油 8～9 克或 20% 粉锈宁乳油 45～60 毫升进行喷雾防治。小麦白粉病每亩用 15% 粉锈宁可湿性粉剂有效成分 8～10 克或 50% 粉锈宁胶悬剂 100 克，对水喷雾。麦蚜可用 50% 抗蚜威可湿性粉剂 4 000 倍液、10% 吡虫啉 1 000 倍液、50% 辛硫磷乳油 2 000 倍液对水喷雾。

适用范围

全膜覆土穴播技术适宜在干旱半干旱地区示范推广。

注意事项

播种小麦时应随时检查播种孔，严禁倒推，防止播种孔堵塞，造成缺苗断垄。行走速度要均匀适中，以保证穴距均匀，防止地膜损坏。雨后待膜面水干再播种，防止水粘上土后堵塞播种孔。铺膜后要防止人畜践踏，以延长地膜使用寿命，提高保墒效果。

技术来源：甘肃省农业科学院

沟垄轮换应急播种技术

技术目标

在半干旱或半湿润易旱作农区，在不依靠自然降雨和灌水的条件下提高播前种植区耕层土壤水分，解决由春旱所导致的播种困难、出苗率低下等问题。在春旱严重年份，轮换后玉米种植区播前0～40厘米土层土壤水分较不轮换提高19%以上，较平作提高28%以上，出苗率达95%以上。

技术要点

1.品种选择

选择抗旱、矮秆、抗病、抗倒，适宜当地播种的优质杂交高产品种。

2.整地并起垄覆膜

第一年播种时起垄覆膜，垄宽和沟宽均为60厘米，高为15厘米，垄形为弧形，垄面要尽量光滑平整。垄面覆盖材料为普通0.008毫米塑料地膜。秋收之后保持垄体位置不变，在翌年春季播种前，为找墒播种进行沟垄轮换，即将垄体移动至沟中，使原来的垄变成沟，沟变成垄。

3. 施肥播种

播种前 30 天进行施肥，肥料以沟施方式只施在种植沟中，施肥量同于当地水平（15 千克 / 亩尿素 +15 千克 / 亩磷酸二铵）。播种深度为 5 厘米，每穴 2 粒，沿垄沟两侧播种，株距 25 厘米。播种时间为 4 月中旬。

4. 田间管理

三叶期开始间苗，定苗时间可适当晚些，利于保证全苗，间定苗时要注意留壮留均。在玉米拔节期进行追肥，此时追肥量为总追肥量（15 千克 / 亩尿素）的 30%，12～13 片展开叶时施入总追肥量的 70%。同时注意防虫除草。

5. 适时收获

收获不要偏早，尽量延长籽粒灌浆时间，争取粒饱粒重。收获时保留集雨垄，若垄上覆盖材料破损，及时更换。

适用范围

该技术适宜在年降水量为 300～550 毫米的半干旱或半湿润易旱作农区推广。

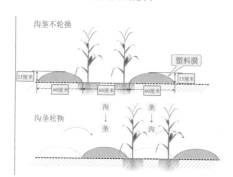

沟垄轮换应急播种技术模式与效果图

技术来源：西北农林科技大学

集雨限量补灌种植技术

技术目标

在半干旱或半湿润易旱作农区，解决该区水资源缺乏、传统大田灌溉水利用率低、水资源浪费等问题。减少灌水量 50% 条件下，冬小麦可增产 6%～17%，春玉米增产 7%～35%，水分利用效率平均提高 10% 以上。

技术要点

（1）适用作物：春玉米和冬小麦。

（2）整地并起垄覆膜：垄宽和沟宽均为 60 厘米，高为 15 厘米，垄面覆盖材料为普通 0.008 毫米塑料地膜或环保生物降解膜。

（3）施肥播种：沟内种植，春玉米种植两行，冬小麦种植 4 行。播种前 30 天施肥，仅施在种植沟中。施肥量、播量和田间管理同于当地水平，适时收获（春玉米应尽量延长灌浆时间，冬小麦应在蜡熟后期收获）。

（4）灌溉时期：根据作物生育期土壤水分状况，进行适时限量补灌。在较干旱的年份建议在

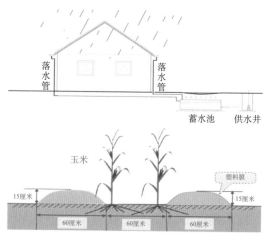

集雨限量补灌种植技术示意图

作物生育前期和后期各补灌一次，春玉米生育前期补灌在拔节期或大喇叭口期进行，生育后期则在抽雄期或扬花期；冬小麦生育前期补灌在返青期或拔节期进行，生育后期则在抽穗期或扬花期。

降雨较多的年份可根据土壤水分状况进行一次补灌或不补灌。

（5）灌溉定额：灌溉量为 50 立方米 / 亩。

（6）灌溉用水：水窖中蓄集的雨水。

（7）田间管理：冬前出苗后遇雨或土壤板结，要及时破除板结。春季返青，及早进行中耕划锄提温保墒。在生长后期，注意防治病虫害的发生。

（8）适时收获：收获不要偏早，宜在腊熟末期收获。

适用范围

该技术适宜在年降水量为 300～550 毫米的半干旱或半湿润易旱作农区推广。

技术来源：西北农林科技大学

全膜双垄沟播一次性施肥简化栽培技术

技术目标

针对旱区全膜覆盖春玉米生产中采用"一炮轰"导致中后期脱肥，劳动力成本增加，中后期追肥不便等技术问题，采用相应机械将控释尿素与常规尿素一次性基施，实现肥料养分释放与玉米生长养分需求的时空匹配。该技术可增产15%～20%，氮肥利用率提高10%～15%。

技术要点

1. 整地及覆膜

采用以深松为基础，松、翻旋相结合的土壤耕作制，3年深翻一次。秋翻、秋耙、秋起垄后喷施除草剂进行秋季全覆膜。垄面结构：大垄垄宽60～70厘米、垄高10～15厘米；小垄垄宽40～50厘米、垄高15～20厘米。大小垄总宽110厘米。选用黑膜或白膜，宽1.2米，膜厚度≥0.01毫米的聚乙烯农用膜，两幅膜相接处在大垄中间，接缝处用土压实，每隔 2 米横压土腰带，当地膜紧贴垄面或在降雨时（1 周左右），在垄沟内每隔 50 厘米打孔。

2. 施　肥

每亩基施腐熟的优质有机肥 1 500～2 500 千克。若土壤缺磷或缺钾，可配施过磷酸钙和硫酸钾等，一般每亩施用磷酸二铵（P_2O_5）10～25 千克，氯化钾（K_2O）6～8 千克。每亩氮肥用量以12～15 千克为宜，其中，控释尿素基施 2/3＋常规尿素基施 1/3。作基肥的控释尿素和常规尿素及所有磷钾肥于覆膜前整地时一次性深施，施入深度为7～10 厘米。每亩施用硫酸锌（$ZnSO_4$）1 千克。

3. 播　种

根据当地生态特点，选用高产、优质、适应性及抗病性强的优良品种，推荐使用西蒙 6 号、大丰 30、郑单 698 等。每亩用种 2.5～3.5 千克，密植通透栽培，每亩保苗 4 600～5 200 株。

4. 田间管理

及时放苗，以防烧苗；对缺苗穴孔及时补苗或移栽，确保出苗率在 95% 以上。及时防治病虫害。

5. 适时收获

当玉米植株的中下部叶片已变黄，基部叶片

干枯，果穗黄叶呈黄白色而松散，籽粒乳线消失，籽粒变硬、黑层出现，并呈现出本品种固有的色泽为适宜。

适用范围

该技术适宜在黄土高原干旱半干旱玉米种植区域推广。

注意事项

玉米收获后应彻底清理田间残膜，避免残膜对土壤结构造成一定破坏。

技术来源：宁夏大学

第二节　玉米栽培新技术

玉米集雨高效施肥种植技术

技术目标

在半干旱或半湿润易旱作农区，解决沟垄集雨种植模式下施肥量不合理、肥料利用率低的问题。该技术可使春玉米增产 12.5%，水分利用效率提高 13.3%，肥料利用率提高 43%。

技术要点

1. 品种选择

选择抗旱、矮秆、抗病、抗倒，适宜当地播种的优质杂交高产品种。

2. 整地并起垄覆膜

一般收获后维持垄形，以便收集冬闲期天然降水，在春季播种之前回收残膜，翻地后进行起垄覆膜，垄宽和沟宽均为 60 厘米，高为 15 厘米，垄型为弧形，垄面要尽量光滑平整。垄面覆盖材料为普通 0.008 毫米塑料地膜。

3. 施肥播种

播种前 30 天进行施肥，肥料以沟施方式只施在种植沟中，施肥量为尿素 35 千克 / 亩（基肥施入 50%，即 17.5 千克 / 亩），磷酸二铵 21.7 千克 / 亩（作为基肥一次性施入）。播种深度为 5 厘米，每穴 2 粒，沿垄沟两侧播种，株距 22 厘米。若土壤极为干燥，要采取坐水点播，每穴浇水 500 毫升。播种时间为 4 月下旬。

4. 田间管理

三叶期开始间苗，定苗时间可适当晚，以保证全苗，间定苗时要注意留壮留均。在玉米拔节期进行追肥，此时追肥量为总追肥量的 50%（17.5 千克 / 亩尿素）。同时注意防虫除草。

5. 适时收获

收获不要偏早，尽量延长籽粒灌浆时间，争取粒饱粒重。收获时保留集雨垄，若垄上覆盖材料破损，及时更换。

适宜地区

年降水量为 300～550 毫米的半干旱或半湿润易旱作农区。

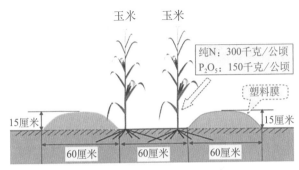

玉米　玉米

纯N：300千克/公顷
P₂O₅：150千克/公顷

塑料膜

15厘米

15厘米

60厘米　　60厘米　　60厘米

玉米集雨高效施肥种植技术示意图

技术来源：西北农林科技大学

玉米带耕沟播高效种植技术

技术目标

该技术以光、热、水、肥资源高效配置为核心，通过机械垂直旋耕、条带耕作、窄行双行沟种、底肥集中深施、大宽垄休闲种植方式，使玉米种植实现无设施节水灌溉、密植通风透光、全程机械化管理、一年两作土壤局部休闲，提高灌水效率、缩短灌水周期、提高灌水时效性，显著提高区域产量。

技术要点

1. 选择优种

选用株型紧凑、增产潜力大、耐密植或中密度的包衣优种：大丰 30、大丰 133、郑单 958、晋单 82、晋单 64 等。

2. 抢时早播

麦收后抢时早播。采用玉米垂直旋耕集中施肥双垄沟播宽窄行种植，宽行 150～160 厘米，窄行 40 厘米，株距 15～17 厘米，播种深度 4～5 厘米；密度 4 000～4 500 株 / 亩。

3. 及时灌水

播后及时浇水，保证一播全苗；拔节期如遇干旱，可于5～6叶时浇水；大喇叭口期浇好孕穗水；浇好抽雄开花水，浇好灌浆水（两水）。每次每亩灌水量20～30立方米。

4. 平衡施肥

在增施有机肥的基础上，应遵循"前轻、中重、后补"的原则，通过"集中施肥，底肥重磷，追肥重氮，补锌增钾"实现平衡施肥，由此提高肥效，稳长抗倒，做到苗期不徒长，后期不脱肥。

（1）施肥量：目标产量为800～850千克/亩：亩施尿素（N）5千克、磷酸二铵（P_2O_5）12千克、氯化钾（K_2O）14千克、硫酸锌（Zn）2.5千克；目标产量为750～800千克/亩：亩施尿素23千克、磷酸二铵（P_2O_5）10千克、氯化钾（K_2O）12千克、硫酸锌（Zn）2千克；目标产量为750千克/亩：亩施尿素20千克、磷酸二铵（P_2O_5）8千克、氯化钾（K_2O）10千克、硫酸锌（Zn）1.5千克。

（2）施肥方法：氮肥总量的20%、磷肥和钾肥采用玉米带耕沟播耧一次集中施入窄行内；氮肥总量的50%于大喇叭口期追施，30%于灌浆期追施。锌肥可与磷钾肥一起底施，也可于苗期至拔节期每亩采用0.1%硫酸锌溶液50～75千克叶面喷施，间隔期 7 天，连喷两次。为避免后期脱肥，每亩可用 1%～2% 尿素与 0.4%～0.5% 磷酸二氢钾混合液 70～100 千克叶面喷施。

5. 中耕培土

在玉米拔节前，采用"玉米中耕除草追肥培土一体机"在宽行结合追肥中耕除草和培土。

6. 病虫防治

（1）地下害虫防治：6 叶期前防治二点委夜蛾和小地老虎幼虫，每亩用 2% 阿维菌素 50 毫升＋吡虫啉 20～30 克顺垄喷洒药液，或用喷头直接喷根茎部，毒杀大龄幼虫。

（2）蚜虫、蓟马、黏虫、棉铃虫防治：当百株蚜虫 30 头或蓟马危害株率达 10% 时，用 2.5% 高效氯氢菊酯每亩 50 毫升＋25% 吡虫啉 10 克，或 2.5% 氟氯氰菊酯 50 毫升＋40% 毒死蜱 30 毫升对水 30 千克进行喷雾，兼治黏虫、棉铃虫。

（3）红蜘蛛、一代玉米螟、黏虫防治：在玉米 3～5 叶期每亩采用 8% 咽嘧磺隆 80 毫升＋56% 二甲四氯钠 120 克，同时每亩加 60～70 毫升阿维·高氯乳油，防治田间杂草及红蜘蛛、一代玉米螟、黏虫、地老虎、棉铃虫等麦田残存害虫。玉米螟防治：当心叶期或抽雄前后（大喇叭口期）花叶率达 10% 时，每亩可用 3% 辛硫磷颗粒剂3千克丢心防治玉米螟，或用50%辛硫磷乳剂1 000倍液滴心、喷叶腋、雄穗苞和果穗。

（4）大斑病、小斑病防治：可用多菌灵可湿性粉剂500倍液，或50%甲基硫菌灵可湿性粉剂500倍液，或75%百菌清可湿性粉剂500～800倍液喷施2～3次，间隔期7天。

适用范围

山川及盆地玉米种植区。

注意事项

该技术不能与常规灌溉次数相同，应采用少量多次灌溉方法。

带耕沟播苗期

带耕沟播种植

技术来源：山西省农业科学院

旱地玉米秋免耕秸秆覆盖春翻耕覆膜播种轻简化技术

技术目标

玉米冬春休闲期约 210 天＋封垄前蒸发期，占全年总数的 63.1%，这一时期是保墒的关键期。如果休闲期耕作管理不善，春季降水少，会造成"耕多深干多深"，严重影响玉米的春播出苗。该技术通过实施休闲期免耕秸秆覆盖，翌年春季翻耕后进行覆膜播种，提高上年秋雨和冬春休闲期降水的保蓄率，减少蒸发，从而达到减缓春旱，提高培肥土壤的能力。

技术要点

（1）秋免耕秸秆覆盖：秋季收获时，采用玉米联合收割机自带秸秆粉碎装置，将秸秆粉碎还田并均匀覆盖于地表，秋季不进行深翻耕还田，冬季和早春覆盖在农田表面。

（2）春翻耕整地：翌年春季 4 月中下旬玉米播种前，进行施基肥和翻耕作业，随即耙糖或旋耕镇压整地。

（3）覆膜播种：整地后及时播种，采用机械化全覆膜播种技术，幅宽140厘米地膜，种植3行玉米，行距50厘米，株距30厘米；幅宽160厘米地膜，可种植4行；先播种后覆膜。亦可采用全膜双垄沟播种技术。

（4）种植密度：根据地力水平和品种特性确定适宜的种植密度。中高等肥力地块宜密植，每亩种植4 000～4 500株，中等以下肥力地块每亩种植3 600～4 000株。

（5）苗期及杂草管理：在出苗后未触及地膜之前，及时用地膜打孔器打孔放苗，并在膜间喷施除草剂。

秋秸秆覆盖

春覆膜播种

大田长势

技术来源：山西省农业科学院

春玉米"一盖两深三优化"节本增效机械化轻简种植技术

技术目标

该技术集保水、蓄水、播种、施肥、耕作栽培为一体，通过机械化秸秆粉碎覆盖还田，保蓄秋冬休闲期土壤水分；秋深松打破犁底层，增厚活土层；在机械侧深施肥基础上，同时配套优选品种、增密种植、优化肥水的免耕精量播种一体化轻简种植技术，比传统种植模式的作业投资减少50%，简化了种植流程，节约了种植成本，达到玉米种植节本增效的目的。

技术要点

（1）一盖：秸秆覆盖，玉米机械收获同时粉碎秸秆，均匀覆盖于地表，实施周年覆盖管理。留茬高度≤15厘米，秸秆粉碎长度≤10厘米。

（2）两深：深松、深施肥，秋季（隔年）深松≥30～40厘米；播种同时侧深施肥≥10厘米。

（3）优选品种：选用耐密、节水、生育期适宜的品种，如大丰 30、强盛 288、先玉 335 等。

（4）优化施肥：产量在 750～850 千克/亩的地块，施用尿素（N）14～18 千克/亩，磷酸二铵（P_2O_5）11～13 千克/亩，氯化钾（K_2O）6～8 千克/亩，采用缓释复合肥。种肥（磷酸二铵）5~10 千克/亩。

（5）优化种植：适当晚播，使玉米最大需水期与雨季吻合；扩行缩株，优化种植密度，提高光能利用率和持绿期。种植密度为 4 000～4 500 株/亩，等行距 60 厘米或 40 厘米×80 厘米宽窄行种植。

（6）播种方式：采用玉米免耕精量播种机，破硬茬直接播种，播种深度 4～6 厘米。

（7）病虫草害防治：生育期间主要防治玉米螟、黏虫、蚜虫、红蜘蛛等多种病虫害。人工清除田间杂草。

隔年深松

免耕播种

大田长势

技术来源：山西省农业科学院

一膜两年用全膜双垄沟播玉米生产技术

技术目标

该技术铺一年膜用两年，解决全膜双垄沟播玉米由于较高的投入导致的增产不增收、冬闲期土壤水分无效蒸发严重、劳动力缺乏等一系列问题。

技术要点

（1）两年基肥一次施用：农家肥施用量 7 000 千克/亩。

（2）冬季地膜保护：在第一茬全膜双垄沟播玉米收获后，用细土将破损处封好，保护好地膜。有条件的地方，可用玉米秸秆覆盖保护地膜，严防牲畜踩踏地膜。

（3）春季清除秸秆：第二茬玉米播种前一周将玉米秸秆清理移出农田，二次用土覆盖地膜破损处。

（4）播种：当 0～5 厘米地温稳定在 10 ℃以上 10 天，是一膜两年全膜双垄沟播玉米适宜播种期。播种时，沿行向一次在两株玉米种间穴播种子即可，每穴下种量为 1～2 粒。

（5）田间管理：拔节期每亩追施尿素 20～25 千克，过磷酸钙 20～30 千克，硫酸钾 15～20 千克，硫酸锌 2～3 千克；大喇叭口期追施尿素 10～15 千克，在抽雄以后酌情追施攻粒肥。施肥方法是用点播器在两株中间追施。其他管理措施同全膜双垄沟播玉米技术。

（6）适时收获：当玉米籽粒乳线消失、籽粒变硬有光泽时收获。秸秆用作青贮时在果穗收后秸秆应及时收获青贮。

（7）残膜回收：收获后耙除田间农膜，注意回收和防治污染。

适用范围

该技术适用于北方干旱半干旱地区全膜双垄沟播玉米。

注意事项

（1）注意保护地膜，发现地膜有破损时及时覆土遮盖，防止二次破损。

（2）一膜两年覆盖有机肥的施用需一次完成，两茬玉米生长期的养分管理必须重视，采用多次追肥的方法。

（3）旧地膜的增温效果不及新地膜，因此热量不足区使用该技术第二茬玉米播种期可适当推迟3～5天。

技术来源：甘肃农业大学

旱地地膜玉米有机肥替代化肥可持续生产技术

技术目标

针对农区有机肥肥源不足，农田过度施用化肥造成的地力衰竭、质量下降、板结严重等问题，通过施用部分商品有机肥替代化肥，达到化肥减量与高效利用，实现作物稳高产。

技术要点

（1）选择质量较高的商品有机肥：选择生产原料以牛羊粪便为主，无有害物质残留的商品有机肥，如市场上的巧农牌商品有机肥。

（2）商品有机肥作基肥替代部分化肥：商品有机肥替代化肥的前提是保证作物的养分需求，如在旱农区全膜双垄沟播玉米适宜的施氮量为13.3千克/亩，因此，商品有机肥替代化肥必须保证在适宜的施氮水平下，保证氮磷钾的需求；据甘肃农业大学研究发现，在13.3千克/亩的施氮水平，基追比为5∶3∶2的制度下，用商品有机肥替代25%基肥氮，能达到稳增产与提氮提质的效果。

（3）机肥基施深施：商品有机肥是有机肥的一种类型，施用时必须作基肥深施，提高肥效。

（4）中后期追施化肥：商品有机肥作基肥施用，不能完全解决地膜玉米后期脱肥问题，因此在大喇叭口期，甚至花期可追施一部分尿素，进而提高作物产量与水肥资源利用效率。

适用范围

该技术适用于旱地地膜玉米。

注意事项

不能只重视基肥忽视追肥；质量上乘的有机肥是商品有机肥替代部分化肥实现增产增效的关键；优质的腐熟农家肥可替代商品有机肥。

旱地全膜双垄沟播玉米有机肥替代化肥可持续生产技术

技术来源：甘肃农业大学

宁夏扬黄灌区玉米精准节水灌溉制度

技术目标

该技术为宁夏扬黄灌区玉米滴灌种植提供合理的节水灌溉方法，较大田漫灌节水 40% 以上。

技术要点

（1）玉米采用宽窄行种植，宽行行距 0.7 米、窄行行距 0.4 米，玉米株距 0.2 米。

（2）玉米田间滴灌带沿玉米种植行方向铺设于窄行，一条滴灌带灌溉 2 行玉米，毛管长度不超过 80 米。

（3）宁夏扬黄灌区灰钙土区玉米生育期灌水 280～295 立方米 / 亩，风沙土区年灌水 220～235 立方米 / 亩。灌水 11～12 次，每次灌水 10～30 立方米 / 亩，5 月中旬 1 次，6—8 月每 10 天灌水 1 次，9 月上旬 1 次。可根据降水情况及土壤墒情适当减少次灌水量。

适用范围

该技术适宜于降水量 250 毫米左右的宁夏扬

黄灌区灰钙土和风沙土地区。

玉米滴灌示意图

技术来源：宁夏水利科学研究院

宁夏扬黄灌区玉米滴灌合理施肥技术

技术目标

该技术根据土壤肥力情况及玉米不同时期的需肥规律，结合滴灌将水溶肥直接送至作物根部，可提高肥料利用效率 30% 以上，提高玉米产量 20% 以上。

技术要点

（1）选用的肥料必须为易溶肥料。

（2）必须结合玉米滴灌灌溉进行施肥。

（3）必须配套有溶肥的首部装置。

（4）宁夏扬黄灌区风沙土区玉米滴灌施肥 83.85 千克/亩，其中，尿素 48.79 千克/亩、磷酸一铵 19.67 千克/亩、硫酸钾 15.38 千克/亩。灰钙土地区玉米滴灌施肥 67.08 千克/亩，其中，尿素 39.03 千克/亩、磷酸一铵 15.74 千克/亩、硫酸钾 12.31 千克/亩。苗期施肥 1 次，占总施肥量的 15%；拔节期施肥 3 次，占总施肥量的 25%；抽雄期施肥 3 次，占总施肥量的 35%；灌浆期施肥 3 次，占总施肥量的 25%。土壤肥力较好的耕地，可适当减少施肥量。

适用范围

技术适宜于宁夏扬黄灌区灰钙土和风沙土地区玉米种植的施肥品种及用量。

技术来源：宁夏水利科学研究院、国家节水
灌溉杨凌工程技术研究中心

宁夏扬黄灌区玉米滴灌水肥一体化技术

技术目标

利用灌溉压力系统，将可溶性肥料，按土壤养分含量和作物需肥规律和特点，配兑成的肥液与灌溉水一起通过可控管道系统实现供水、供肥。较大田漫灌节支增效 250 元 / 亩，节水 40% 以上，肥料利用效率提高 30% 以上。

技术要点

（1）灰钙土区玉米滴灌水肥一体化灌溉施肥制度（表 1）。

（2）风沙土区玉米滴灌水肥一体化灌溉施肥制度（表 2）。

适用范围

该技术适宜于降水量 250 毫米左右的宁夏扬黄灌区灰钙土和风沙土地区，解决该地区玉米种植的灌溉、施肥等水肥一体化技术。

技术来源：宁夏水利科学研究院、国家节水
　　　　　灌溉杨凌工程技术研究中心

表 1　灰钙土区玉米灌溉施肥情况

单位：立方米/亩（灌溉）、千克/亩（施肥）

生育期		苗期	拔节期			抽雄期			灌浆期			成熟期	合计
时段		5月中旬	6月上旬	6月中旬	6月下旬	7月上旬	7月中旬	7月下旬	8月上旬	8月中旬	8月下旬	9月上旬	
灌溉制度		25	10	25	30	25	25	25	25	25	10	15	240
施肥量	磷酸二铵	3	1.67	1.67	1.67	2.33	2.33	2.33	1.67	1.67	1.67		20
	尿素	1.44	0.8	0.8	0.8	1.12	1.12	1.12	0.8	0.8	0.8		9.6
	氯化钾	0.96	0.53	0.53	0.53	0.75	0.75	0.75	0.53	0.53	0.53		6.4

表 2　风沙土区玉米滴灌灌溉施肥情况

单位：立方米/亩（灌溉）、千克/亩（施肥）

灌溉施肥日期		4月下旬	5月中旬	6月上旬	6月中旬	6月下旬	7月上旬	7月中旬	7月下旬	8月上旬	8月中旬	8月下旬	9月上旬	合计
灌水定额		15*	15	15	20	25	25	25	25	20	20	15	15	220～235
施肥量	磷酸二铵	0	2.08	2.08	2.09	2.92	2.92	2.92	2.08	2.08	2.08	0.7	0	25
	尿素	0	1	1	1	1.4	1.4	1.4	1	1	1	1.7	0	12
	氯化钾	0	0.67	0.67	0.67	0.93	0.93	0.93	0.67	0.67	0.67	0.5	0	8

* 根据墒情进行补灌。土壤肥力较好的耕地，可适当减少施肥量。灌水量可根据降水情况和土壤墒情情况进行适当调整。

宁夏扬黄灌区玉米滴灌干播湿出技术

技术目标

解决宁夏扬黄灌区玉米播种期土壤墒情较差、阶段供水不足，播种后造成玉米不出苗或出苗不齐整的问题。采取干播湿出技术可促进玉米的整体出苗。

技术要点

（1）在上一年作物收获后立即进行深翻，利用旋耕机进行精细整地。

（2）当年4月中旬播种，播种深度3～4厘米，行距40～70厘米宽窄行。

（3）玉米播种5～7天后，及时安装滴灌灌溉系统，根据土壤墒情状况每亩滴灌15～20立方米出苗水，5天以后即可全部出苗。

（4）玉米播种期间，降水情况和土壤墒情情况较差时，应用本技术。头年进行过冬灌的土地，一般不再采取干播湿出技术。

适用范围

该技术适宜于降水量 250 毫米左右的宁夏扬黄灌区灰钙土和风沙土地区玉米播种不出苗或出苗不齐整的问题，可促进玉米的整体出苗。

干播湿出技术

技术来源：宁夏农林牧技术推广服务中心

宁夏扬黄灌区玉米轻简高效栽培技术

技术目标

以"一控两减三基本""一机两改一保障"为宗旨，以高产、高效为核心，突出轻简科学化管理，实现玉米轻简高效栽培，种、肥、水、药科学精准高效投入，简化栽培环节，降低生产成本，实现玉米高产高效生产。

技术要点

（1）选择国家或宁夏审定的耐旱、中熟、耐密植、适宜全程机械化作业的高产品种。

（2）宁夏扬黄灌区气温较高的北部地区，玉米种植一般采用宽、窄行种植即二行一管不覆膜种植方法，宽行70厘米左右，窄行40厘米，种植2行玉米，株距20厘米左右，滴灌管布设于2行玉米中间，同时灌溉2行玉米。宁夏扬黄灌区气温较低的南部地区，玉米种植一般采用覆膜三行二管种植方法，地膜间距70厘米左右，种植行70厘米，种植3行玉米，株距20厘米左右，2根滴灌管布设于3行玉米中间，同时灌溉3行玉米。

（3）播种量2.5～3千克/亩，种植密度为6 000～6 500株/亩，收获穗数保证5 500～6 000穗/亩。

适用范围

本技术适用于宁夏中部干旱带扬黄灌区≥10 ℃以上积温2 800～3 300 ℃，无霜期≥140天区域。

注意事项

宁夏扬黄灌区玉米轻简栽培技术突出轻简科学化管理，在生产应用时应根据土壤地力水平与气候条件，科学精准把握种、肥、水、药的投入。

技术来源：宁夏农林科学院

宁夏扬黄灌区玉米病虫害防控技术

技术目标

针对宁夏扬黄灌区玉米生产主要病虫害，制定玉米病虫害防控技术。

技术要点

（1）地老虎防治：发病时期为出苗至拔节前，主要为害症状为缺苗断垄，防治方法是选择种衣剂中含有克百威或毒死蜱等有效成分的包衣种子，或进行种子二次包衣。出苗后4～7叶期（5月中下旬）用20%氯虫苯甲酰胺和2.5%高效氯氟氰菊酯微乳剂，或用48%乐斯本乳油或50%辛硫磷乳油1 000～2 000倍液；或用2.5%溴氰菊酯或20%氰戊菊酯乳油2 000～3 000倍液；傍晚在幼苗茎基部间隔5～7天喷药2次，直接喷在幼苗茎基部。可兼治蛴螬、金针虫等地下害虫。

（2）红蜘蛛防治：发病时期为灌浆初期、中期，主要危害症状为叶片枯死，防治方法早期清除田间和田埂杂草，局部发生应及时打药防控。灌浆初期、中期应注意观察叶片背面，发现红蜘蛛应及早在叶片背面喷洒 10% 苯丁锡哒螨灵 1 000 倍液，或 1.8% 阿维菌素乳油 1 500～2 000 倍液，或 15% 扫螨净，或 1.8% 虫螨克星，或乙螨唑＋乐斯本等，严重的隔 7～10 天加防一次，并间隔换药。

（3）大斑病、小斑病防治：发病时期为抽雄期开始，发病症状叶片病斑、失绿、枯死，防治方法选用抗病品种、药剂拌种、轮作倒茬、清除田间病残体等，在玉米大喇叭口期选用苯醚甲环唑·嘧菌酯或 40% 丁香·戊唑醇＋嘧菌酯等药剂喷施 1～2 次。

（4）茎腐病防治：发病时期为乳熟后期，发病症状青枯、黄枯，防治方法轮作倒茬，注重选用抗病品种；玉米灌浆期，切忌田间积水。苗期不去蘖，防止植株受损伤，灌后遇雨，应及时排出田间积水；采用咯菌腈种子包衣；适量增施氯化钾、硫酸锌做种肥，能有效降低发病率。

适用范围

本技术适用于宁夏中部干旱带扬黄灌区≥10 ℃以上积温 2 800～3 300 ℃，无霜期≥140 天区域单种玉米病虫害绿色防控。

注意事项

宁夏扬黄灌区玉米生产中苗期易受地老虎、金针虫为害，吐丝期至灌浆期如遇持续干旱要及时预防红蜘蛛为害，后期雨水较多时应注意防治大斑病、小斑病及茎腐病。

技术来源：宁夏农林科学院

宁夏扬黄灌区玉米
土壤培肥与保育技术

技术目标

改良土壤结构，增加土壤有机质含量，促进土壤团粒结构形成，活化土壤养分，提高保水保肥能力和供肥能力，使风沙土土壤肥力达到并稳定至五级以上水平，使灰钙土土壤肥力达到并稳定至四级以上水平。

技术要点

（1）基肥：有机肥 3 000 千克/亩，在玉米播种前（4月中旬）撒施，然后结合旋耕与土壤混匀。

（2）改良剂：纳米级土壤调理剂每亩施 4 千克，在玉米播种前（4月中旬）撒施，然后结合旋耕与土壤混匀。

（3）种肥：磷酸二铵（16-46-0），每亩施 10 千克，结合播种条施。

（4）保水剂：沃特保水剂与种肥拌匀（按质量比 1∶10），每亩施 4 千克，结合播种条施。

（5）玉米播种及田间管理：玉米播种前7天（4月中旬），撒施有机肥和土壤改良剂，然后用旋耕机旋地。

适用范围

该技术适用于宁夏扬黄灌区灰钙土地区土地养分级别为四级以下的耕地土壤，风沙土地区土地养分级别为六级以下的耕地土壤。土壤肥力较好的耕地，可适当减少施肥量。土壤肥力较差的耕地，可适当增加施肥量。

技术来源：宁夏大学

宁夏扬黄灌区玉米秸秆还田技术

技术目标

增加土壤有机质，改善土壤团粒结构，培肥土地，增强保水保肥性能。经过2～3年土壤培肥，使当地土壤肥力达到四级水平。

技术要点

（1）每年10月初，结合玉米机械收割，将秸秆切成小于5厘米长的小段，均匀铺摊到耕地表面。

（2）一般情况下，实行全量秸秆还田。耕地质量较差时，连续2年还田。耕地质量较好时，3年还田2次或2年还田1次。

（3）秸秆还田的同时，可配施氮肥或腐熟剂。秸秆全量还田，加入20千克/亩尿素或4千克/亩腐熟剂，以促进秸秆腐解。

（4）对于缺磷钾的土壤，还应该补施适量的磷肥和钾肥。基肥结合秸秆还田撒施，尿素20千克/亩，磷酸二铵10千克/亩，复合肥料20千克/亩，然后结合深翻入土。

（5）秸秆还田后要及时耕翻，耕翻深度大于20厘米，将秸秆全部翻埋至播种深度以下，避免影响玉米播种。深翻后，耙平并镇压，并要求拖拉机用低挡作业。

技术来源：宁夏大学、宁夏水利科学研究院

宁夏扬黄灌区玉米全程机械化种植技术

技术目标

针对宁夏扬黄灌区劳动力短缺、成本较高的问题，提出扬黄灌区玉米全程机械化种植技术，提高生产效率。

技术要点

1. 精量单粒播种机械

单粒播种可实现单穴单种，可有效解决个体和群体之间的竞争矛盾，在玉米生长的苗期阶段不需要间苗，不会伤害玉米的根系，玉米生长健壮，提高成穗率和单粒的重量，一般亩产提高10%左右。单粒播种要求种子的发芽率大于92%，以保证不会出现缺苗断垄的现象。

单粒播种技术主要依托播种机的排种器实现，按工作原理可分为勺轮式排种器、指夹式排种器及气吸式排种器。精量播种机下地前进行排种器调试，保证单粒率99%。

2.铺膜铺管播种一体化技术

依托精量铺膜铺管一体化播种机,可同步实现施肥、播种、滴灌带和薄膜铺设及镇压五位一体一次性复式作业。

3.GPS卫星定位导航播种技术

在播种时,使用安装 GPS 自动导航控制系统的拖拉机,利用差分定位技术,实行定位播种,定位精度可达 2 厘米。

4.宽窄行栽培技术

将均行种植改成宽窄行种植,玉米拔节前在宽行结合追肥进行深松,秋收时苗带窄行留高茬。秋收后用条带旋耕机对宽行进行旋耕,达到播种状态,窄行(苗带)留高茬自然腐烂还田。第二年春季,在旋耕过的宽行播种,形成新的窄行苗带,追肥期,再在新的宽行中耕深松追肥,即完成隔年深松、苗带轮换、交替休闲的宽窄行耕种栽培技术。实现个体优势和群体结构的合理搭配,改善玉米中后期田间通风透光条件,增加叶片光合效率,降低田间湿度,减少病虫害发生。

注意事项

(1)选用与作业机械功率相匹配的拖拉机。

(2)宽窄行栽培技术依托行距可调整播种机

实现，调整行距时，播种开沟器与施肥开沟器左右方向错开 5 厘米以上，避免化肥烧苗。

技术来源：宁夏大学

宁南旱区全膜双垄沟播玉米种植技术

技术目标

该技术集覆盖抑蒸、膜面集雨、垄沟种植技术为一体，将地面蒸发降到最低，最大限度地保蓄自然降水，特别对早春 5～10 毫米的微小甚至无效降雨能够有效拦截，使其就地入渗于作物根部，改善土壤耕层水分状况，满足旱地农作物生长发育对水分的需求，该技术保墒集雨、增温增光、抑草防病、增产增收效果十分显著，一般比半膜覆盖玉米增产 20%～30%。

技术要点

1. 播前准备

（1）整地：在前茬作物收获后及时深耕灭茬，耕深达到 25～30 厘米，耕后要及时耙糖；覆膜前浅耕，平整地表，耕深达到 18～20 厘米，做到"上虚下实无根茬、地面平整无坷垃"，为覆膜、播种创造良好的土壤条件。

（2）施肥：亩施优质腐熟农家肥 3 000～5 000 千

克起垄前均匀撒在地表，尿素 25~30 千克，过磷酸钙 50~70 千克，硫酸钾 15~20 千克，硫酸锌 2~3 千克，或亩施玉米专用肥 80 千克，化肥混合后均匀撒在小垄的垄带内。

（3）起垄覆膜：①起垄。旱地按作物种植走向开沟起垄、缓坡地沿等高线开沟起垄，大垄宽 70 厘米，高 10 厘米、小垄宽 40 厘米、高 15 厘米，每幅垄对应一大一小、一高一低两个垄面。②土壤消毒。地下害虫为害严重的地块，整地起垄时每亩用 40% 锌硫磷乳油 0.5 千克加细沙土 30 千克，拌成毒土撒施，或对水 50 千克喷施。每喷完 1 次覆盖后再喷一次，以提高药效。杂草为害严重的地块，整地起垄后用 50% 乙草胺乳油 100 克对水 50 千克全地面喷雾，然后覆盖地膜。③覆膜。用厚度 0.008~0.01 毫米、宽 120 厘米的地膜，沿边线开深 5 厘米左右的浅沟，地膜展开后，靠边线的一边在浅沟内，用土压实，另一边在大垄中间，沿地膜每隔 1 米左右，用铁锹从膜边下取土原地固定，并每隔 2~3 米横压土腰带。覆完第一幅膜后，将第二幅膜的一边与第一幅膜在大垄中间相接，从下一大垄垄侧取土压实，依次类推铺完全田。覆膜时要将地膜拉展铺平，从垄面取土后，应随即整平。

2. 播 种

选择株型紧凑、抗逆、抗病性强、适应性广、品质优良、增产潜力大的粮饲兼用型杂交玉米品种。原则上要求统一使用包衣种子，对于少数未经包衣处理的，播前必须进行药剂拌种。当地表 5 厘米地温稳定通过 10 ℃时为玉米适宜播种期，可结合当地的气候特点确定播种时间，一般在 4 月中下旬。若土壤过分干燥要造墒播种，即采取坐水播种、深播浅覆土等抗旱播种措施，为种子萌发出苗创造条件。

中晚熟品种亩密度以 3 300～3 800 株为宜，土壤肥力较高的旱地种植密度以 4 000～4 500 株为宜。

3. 田间管理

苗期管理重点是促进根系发育、培育壮苗，达到苗早、苗足、苗齐、苗壮的"四苗"要求；拔节期至抽雄期管理的重点是促进叶面积增大，特别是中上部叶片，促进茎秆粗壮，同时要注意防治玉米顶腐病、瘤黑腐病、玉米螟等；玉米后期管理的重点是防早衰、增粒重、防病虫，肥力高的地块一般不追肥以防贪青，若发现植株发黄等缺肥症状时，应及时追施增粒肥，一般以每亩追施尿素 5 千克为宜。

4.适时收获

当玉米苞叶变黄、叶色变淡、籽粒变硬有光泽，而茎秆仍呈青绿色、水分含量在 70% 以上时收获。

适用范围

全膜双垄沟播技术主要应用于海拔 2 300 米以下，年降水量 250～500 毫米的半干旱和半湿润偏旱区。

注意事项

田间覆膜完成后，切实抓好防护管理工作，严禁牲畜入地践踏、防止大风造成揭膜。要经常沿垄沟逐行检查，一旦发现破损，及时用细土盖严。覆盖地膜一周左右后，地膜与地面贴紧时，在垄沟内每隔 50 厘米处打一直径 3 毫米的渗水孔以便降水入渗。

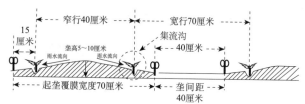

双垄沟集流增墒覆盖示意图

技术来源：宁夏大学

内蒙古风沙区玉米垄膜集雨
增产增效种植技术

技术目标

采用增施有机肥和玉米垄作全覆膜技术，可在增施有机肥为 1 333～1 500 千克/亩情况下，玉米增产 28.2%～30.3%，水分利用效率提高 9.7%～21.3%，有效解决区域玉米生产中水肥利用效率和产量低而不稳等问题。

技术要点

（1）品种选择：选择抗旱、矮秆、抗病、抗倒，适宜当地播种的优质杂交高产玉米品种。

（2）整地：在播种前一周施用腐熟有机肥，施用量为 1 433～1 500 千克/亩，将有机肥均匀撒施于农田中，后用旋耕机旋耕，耙糖平整。

（3）播种：采用机械全覆膜垄沟播种机播种，起垄、覆膜、施肥和播种一次性完成。起垄后垄宽 60 厘米，沟宽 40 厘米，高 15 厘米，垄形为弧形，垄面要尽量光滑平整。垄上覆厚度 0.01 毫米宽度 120 厘米塑料地膜，播种深度为 5 厘米，每穴 2 粒，沿垄沟两侧播种，株距 22 厘米，5 月上旬播种。

（4）施肥：纯养分施用量为尿素（N）-磷酸二铵（P_2O_5）-氯化钾（KO_2）=12.8-10-5 千克/亩，氮肥施用为 40% 缓释尿素和 60% 普通尿素相结合的方式施用，且种肥和追肥比例为 2：3，磷肥为磷酸二铵，钾肥为硝酸钾，缓释尿素和磷钾肥随种子分层一次性施入垄沟中，在玉米大喇叭口期和抽穗期结合滴灌按 1：1 进行剩余氮肥追施。

（5）田间管理：播前 3～5 天可进行喷灌造墒，提高出苗率和降低还田秸秆未腐解率；出苗后进行查苗补苗，并进行及时补水，保证补苗成活率，适时防治病虫草害。

（6）适时收获：当玉米苞叶变黄、叶色变淡、籽粒变硬且呈现出本品种固有的色泽时收获。

适用范围

适宜在年降水量 300～400 毫米，土壤类型为沙壤土的黄土高原玉米种植区。

注意事项

收获不要偏早，尽量延长籽粒灌浆时间，争取粒饱粒重。

技术来源：内蒙古农牧业科学院

黄土高原风沙区玉米秸秆
高效还田技术

技术目标

采用玉米秸秆高效还田技术能够实现农田土壤 0～30 厘米土层有机碳含量平均提高 0.81 克/千克，减少氮肥的投入约 20%，粮食平均增产 10%，解决传统性耕作中农民广泛焚烧、弃置秸秆等问题，提升土壤地力和增加玉米产量。

技术要点

（1）玉米收获：在玉米进入完熟期，籽粒含水量为 25%～35%，果穗下垂率低于 15%，穗位高于 35 厘米进行收获。采用玉米果穗收获机，在玉米收获采摘果穗时同时完成穗薄皮和茎秆切碎，秸秆样段为 4～6 厘米，均匀度达到 90% 以上，以利于秸秆翻埋入土后快速腐熟。

（2）秸秆还田：采用 14.71 千瓦以上拖拉机及配套秸秆还田机具，且机手能够熟练操作农机具。还田过程包括腐熟剂施用与秸秆翻埋。①腐熟剂施用。每袋秸秆腐熟剂加 2 千克红糖，20 千克无菌水，在 30～50 ℃环境中密封 3～5 天，激活菌液后用细土作辅料，将腐熟剂与细土混匀，均匀撒施在秸秆上，按照每 200 克腐熟剂腐熟 6 千克秸秆进行还田。②秸秆翻埋。采用旋耕机和深松整地联合作业机进行秸秆翻埋作业，深度要达到 30 厘米左右，使玉米秸秆和根茬与耕层土壤充分混合，后用配套镇压器进行镇压保墒。

适宜范围

适宜在年降水量 300～400 毫米，土壤类型为沙壤土的黄土高原玉米种植区。

技术来源：内蒙古农牧业科学院

第三节　小麦栽培新技术

冬小麦机械化宽幅播种技术

技术目标

提高地表覆盖度，增加光能截获率，其中亩穗数增加 10.0%，穗粒数增加 8.3%，产量增加 5% 以上，水分利用效率提高 8% 以上，解决旱作区冬小麦持续增产难等技术难题。

技术要点

（1）冬小麦收获后秸秆散落地表，在秸秆发黑后翻压还田。

（2）每亩尿素 21.7～26.1 千克，过磷酸钙 33.3～44.4 千克，尿素可以选择大颗粒树脂包裹尿素，与磷肥整地时全部一次性施入，不做追肥；如选用普通尿素，60% 作为底肥与磷肥整地时施入，40% 作为追肥，冬小麦返青期施入。整地时选用施肥整地一体机，将肥料在整地时仪器施入。

（3）宽幅播种选择分蘖能力、越冬性强的品种，如陇鉴 108、陇鉴 110、陇鉴 107 等。

（4）选择宽幅精量播种机，播种幅宽为 1.5 米，

131

幅距为 18 厘米，幅宽 10 厘米，种子用量为亩10～12.5 千克。

（5）田间管理：①田间锄草。各地根据当地气候特点，在土壤封冻前喷施除草剂，除草剂选用72% 2,4-D 丁酯乳油 40～50 毫升，对水 25～30 千克。②科学追肥。小麦返青后，在降雨后或降雨前用宽幅播种机在小麦空档区，播施尿素。③病虫害防治。冬小麦主要病害包括锈病、白粉病等，虫害主要包括蚜虫、红蜘蛛等，及早发现及早防治。

（6）小麦进入完熟期后，及时收获，避免后冰雹、干热风等自然灾害。收获选用联合收割机，小麦秸秆直接还田。玉米生理成熟后，籽粒含水量降至 25% 以下时，可以选择籽粒直收机，如赶种下茬作物，可选用果穗采收。

适用范围

该技术适宜在旱作区冬小麦主栽区推广。

技术来源：甘肃省农业科学院

小麦"冬水前移两增一减"高产高效栽培技术

技术目标

该技术适用于山西南部及同类小麦—玉米一年两熟种植区，通过水氮等合理调控，实现每亩减施尿素 6.5～10.8 千克，生育期浇 2 水，减少灌溉用水 10 立方米，每亩成穗数 45 万～50 万穗、穗粒数 30～33 粒，千粒重 40～42 克的千斤高产高效模式，较传统技术增产 10% 以上。

技术要点

（1）"冬水前移"：越冬水由传统的夜冻昼消开始（12 月上中旬）提前到小麦三叶期后（11 月中旬）开始到夜冻昼消结束，塌实耕层土壤，解决了秸秆还田后旋耕播种土壤悬虚，增加土壤水分，促进秸秆腐熟，有利于小麦生根和分蘖增加，构建冬前壮苗个体和适宜群体。

（2）"两增"：一增是增加基施氮肥用量。氮肥基肥与拔节期追肥比例由 5∶5、6∶4 提高到

7：3，解决了秸秆还田土壤 C/N 比失调、苗期生物争氮造成的小麦苗黄苗弱，有利于秸秆快速腐熟；二增是增加拔节期灌水量。拔节期灌水量由每亩 50 立方米增加到 60 立方米，满足了小麦后期对水分的需求，可抵御晚霜冻害或低温冷害，提高成穗数，增加穗粒数，确保稳产高产。

（3）"一减"是减少冬前灌水量。冬前灌水量由每亩 50 立方米减少到 30 立方米，其主要作用是塌实土壤，其次是补充土壤水分，提高灌溉水利用效率，实现节水栽培。

技术来源：山西省农业科学院

**冬水前移两增一减
技术专家测产**

**冬水前移两增一减
技术示范田**

晋南旱地小麦绿色高效栽培技术

技术目标

该技术适用于山西南部及同类雨养旱地小麦栽培。

该技术主要针对以下问题而集成：①雨养旱地自然降水与小麦生长需水错位，且年季间波动大，造成产量低而不稳；②传统的精耕细作，多耙糖保墒技术无法实现；③耕作整地粗放、质量差，造成小麦抗旱抗寒能力差；④有机肥施入大幅减少，耕层有机质含量降低，土壤"上肥下瘦"，抗旱稳产品种缺少。

该技术可使伏期 0～200 厘米土壤贮水量增加 23.9～45.8 毫米，降水利用率提高 0.103～0.108 千克 / (毫米·亩)；增施猪粪使氮磷肥减施 25%～30%，平均增产 8.6%～15.6%，年际产量波动减小 15%～20%，耕层有机质含量提高，耕层质量改善。

技术要点

（1）适期深耕（松）：机械收获留高茬（25

厘米左右），小麦秸秆全部还田，8月上中旬深耕25～30厘米，或7月上中旬深松（35厘米）后8月中下旬深耕25～30厘米，深耕时每亩施普通过磷酸钙（含 P_2O_5 12%）29.2千克。

（2）种植抗旱稳产品种：筛选种植粒重和穗粒数稳定的品种，如山西南部可种植晋麦47号、临丰3号、运旱20410、品育8161等。

（3）增施有机肥减施化肥：播种时每亩基施腐熟猪粪或羊粪1 500千克，尿素（含 N 46.2%）14.4千克、磷酸二铵（含 N 18%、P_2O_5 46%）7.6千克、氯化钾（K_2O　60%）5千克。

（4）适期播种：播期由9月20日前，调整到9月28日至10月4日，每亩播种10千克，播深4～5厘米。

（5）镇压耙耱保墒提墒：播时镇压，确保苗齐匀全。冬前耙耱保墒，顶凌期镇压耙耱，提墒保墒促进返青生长。

（6）病虫草害绿色防治：播前药剂拌种，冬前化学除草，科学防控红蜘蛛、麦蚜和白粉病，后期"一喷三防"，延衰保粒重。

丘陵雨养旱地小麦

8月上中旬休闲期深耕翻纳雨蓄墒

技术来源：山西省农业科学院

小麦—玉米微喷水肥一体化节本增效栽培技术

技术目标

该技术适用于山西南部及同类小麦—玉米一年两熟种植区。该技术主要针对以下问题集成：①小麦—玉米一年两熟高产光热资源不足；②大水漫灌，水肥浪费严重，面源污染；③小麦玉米水肥运筹不科学，水肥利用率低；④连续旋耕，耕层质量差，保水保肥差，深层肥水利用难。

利用微喷水肥一体化技术，可使每亩周年灌水量减少 185 立方米，氮肥减施 25%，磷钾肥减施 20%～30%，水分利用率提高 0.242～0.354 千克/（毫米·亩），实现节水、省肥、省地、省工、节本增效。

技术要点

1. 小麦季

（1）施用底肥：整地前每亩施用腐熟有机肥 2 000～3 000 千克或精制（商品）有机肥 200～300 千克，配施尿素（含 N 46.2%）5.0～6.2 千克，磷酸二铵（含 N 18%、P_2O_5 46%）15.2～17.4 千克，氯化钾（含 K_2O 60%）6.7～8.3 千克。

（2）整地：玉米收获后，立即采用90马力（千克·米/秒）以上拖拉机牵引秸秆还田机械粉碎秸秆，秸秆长度应小于5厘米，且均匀覆盖地面，无压倒；连续旋耕播种的田块2～3年应耕翻或深松一次，深耕翻深度不小于25厘米，深松深度不小于30厘米。深耕翻后耙压，深松后旋耕、耙压。

（3）品种选择：种植半冬性偏冬性品种。

（4）播期播量：10月6—10日播种，播量每亩15～20千克。

（5）灌越冬水：小麦3叶期后至冬前昼消夜冻时每亩微喷灌灌水40立方米。

（6）拔节期肥水管理：拔节期采用微喷灌每亩灌水30立方米，水肥一体化施尿素4.3～8.6千克。

（7）灌浆初肥水管理：灌浆初期采用微喷灌每亩灌水30立方米，水肥一体化施尿素4.3～6.5千克。

2. 玉米季

（1）品种选择：种植长生育期耐密型夏玉米品种。

（2）播种：小麦收获后机械硬茬播种夏玉米，

每亩播种 4 000~4 500 株。

（3）播后肥水管理：玉米播种后采用微喷灌每亩灌水 30 立方米，水肥一体化施尿素（含N 46.2%）2.6~3.9 千克，磷酸二铵（含 N 18%、P_2O_5 46%）4.3~6.5 千克。

（4）小喇叭口期灌水：玉米 7~8 片叶时采用微喷灌每亩灌水 30 立方米。

（5）大喇叭口期肥水管理：玉米 12~13 片叶时采用微喷灌每亩灌水 30 立方米，水肥一体化施尿素 13.0~17.3 千克。

（6）花粒期肥水管理：玉米籽粒形成期至蜡熟期，当 0~30 厘米土壤相对含水量小于 60% 时，采用微喷灌每亩灌水 30 立方米，水肥一体化施尿素 2.2~4.4 千克。

小麦玉米一年两熟制下玉米季水肥一体化

小麦玉米一年两熟制下小麦季水肥一体化

小麦玉米水肥一体化现场观摩会

技术来源：山西省农业科学院、中国农业科
学院农业资源与农业区划研究所

小麦—玉米轮作两晚两增
高效种植技术

技术目标

充分利用玉米 C_4 作物光合效率高、产量高的优势和小麦适度晚播可抗逆增产的特点，科学统筹两作生育期及光热资源，冬小麦晚播，退出10～15天生长期给夏玉米，夏玉米晚收，延长生长时间，挖掘玉米高产潜力，两作增密种植创建高产群体，并集成配套相关技术，使小麦和玉米两作产量总体提高，并提高周年水肥利用效率。

技术要点

1. 小麦栽培

（1）品种选择：选用山西南部通过国审、省审或相同生态区引种备案的冬小麦品种。以广适耐播期品种为骨干品种，搭配其他高产或优质品种。骨干品种选择：济麦22、品育8012、山农28、良星99等；搭配品种选择：晋麦84号、舜麦1718、山农30、烟1212、济麦23等。

（2）种子处理：种子包衣或拌种，预防地下害虫及黑穗病、小麦蚜虫和红蜘蛛等。常用吡虫啉＋戊唑醇处理。播前晒种1～2天，提高发芽率和发芽势。

（3）播期：适度晚播，比原技术推迟10～15天，以10月15—25日为最佳播期。

（4）密度：增加播量，每亩基本苗提高到23万～30万苗（每亩用种量13～17千克）。

（5）播种方式：采用种肥同播机宽幅播种。

（6）足墒播种：小麦播前耕层土壤相对含水量不足70%时灌底墒水，每亩灌水量40～50立方米。耕层土壤相对含水量75%～80%时不需要浇水，玉米秸秆精细粉碎翻压后，用镇压器镇压踏实，切忌抢墒播种。

（7）冬前化学除草：小麦3～5叶期，日均气温不低于6℃（最佳温度为10℃以上）的晴天进行，避开未来3～5日急剧降温及大风与雨雪气候。根据杂草种类选择相应除草剂。

（8）返青起身期灌水50～60立方米，结合浇水追肥。

（9）小麦拔节—开花有效降水≤25毫米，开花期灌水50～60立方米，否则，开花期不需灌水。

（10）小麦齐穗期、灌浆期开展"一喷三

防"2~3次。

2．玉米栽培

（1）选用山西南部通过国审、省审或相同生态区引种备案的中晚熟夏播玉米品种，生育期96~105天。如大丰30、大丰133、运单66、正大16、郑单958等。

（2）播期：小麦收获后硬茬抢播，比常规技术提早2~3天，最迟6月20日。

（3）密度：每亩基本苗提高到4 500~5 000株/亩。

（4）播种方式：采用玉米免耕施肥播种机播种。

（5）田间管理：喇叭口时期浇水追肥1次，灌浆期浇水1~2次。

（6）收获：比常规收获期晚收10~15天，完全成熟后收获。

3．小麦—玉米两作统筹施肥技术

小麦产量在500千克以上高产田，氮肥用量尿素（N）15千克/亩，底施60%，追施40%，返青起身期随水追施。麦玉两季磷酸二胺（P_2O_5）18千克/亩，在小麦季随深耕施入土壤。玉米季用尿素（N）15千克，底施60%，喇叭口期追施40%，种肥要和种子隔行施用，肥料行与种子行距离 15 厘米左右为宜，施肥深度 8 厘米。

适用范围

山西南部小麦—玉米一年两作区。

注意事项

该技术体系中玉米不需要提前收获，一定要完熟期收获；小麦一定要足墒播种，保证全苗。

小麦免缠绕防拥堵种肥同播机

技术来源：山西省农业科学院

渭北旱塬小麦—油菜轮作培肥技术

技术目标

该技术可提高土壤肥力，土壤有机质年平均增加量 0.213 克/千克，全氮年平均增加量为 0.015 克/千克，全磷、速效磷的年平均增加量分别为 0.007 7 克/千克、0.804 毫克/千克，解决冬小麦持续增产中土壤肥力低下等技术难题，同时可提高油菜的产量和品质。

技术要点

（1）小麦—油菜轮作种植流程：（第一年）前茬作物收获后秸秆处理、深耕或深松、少耕免耕播种油菜—田间管理—收获→（第二年）深耕或深松、少耕免耕—播种小麦—田间管理—小麦收获→（第三年）深耕或深松、少耕免少耕—播种小麦—田间管理—小麦收获→第二轮作周期第一年。

（2）选用本区域适应范围广、高产、优质、抗逆性的小麦、油菜品种。

（3）要求土壤深耕或深松，耕后耙实耙细，粉碎土壤结块，达到上虚下实、地表平整。

（4）施肥小麦田有机肥施用量应在 2 000 千克／亩以上，施氮肥（N）10～15 千克／亩，磷肥（P_2O_5）4～6 千克／亩，钾肥（K_2O）4～6 千克／亩。氮肥70%作基肥，30%作追肥；有机肥、磷肥和钾肥作基肥一次性施入。油菜田需施氮肥（N）8～12 千克／亩，磷肥（P_2O_5）4～6 千克／亩，钾肥（K_2O）4～6 千克／亩。在油菜薹花期结合三喷一防，亩喷施 0.2% 硼砂水溶液 50 千克。

（5）渭北旱塬东部—西部小麦适宜播期为10月1—20日；渭北旱塬北部适宜播期为 9 月 10—25 日；丘陵区适宜播期为 9 月 15 日—10 月 30 日。根据降水及土壤水分状况，适时调整播期。播种量：小麦基本苗控制在 16 万苗／亩左右，一般旱肥地基本苗 16 万苗／亩左右，旱薄地基本苗 20 万苗／亩左右。

油菜播种：当旬平均气温稳定在 19 ℃为播种适期，关中地区从西向东最适播期 9 月 5—25 日，播种量为 0.2～0.25 千克／亩。

（6）小麦田管理：出苗后及时查苗、补苗、疏苗，确保苗全、苗匀，及时清除杂草。依据土壤墒情、苗情，追施拔节肥。

油菜田管理：在 2～3 叶期间苗，4～5 叶定苗，在间苗后定苗前先对缺苗断垄的进行补栽，留苗9 000～10 000株/亩，对有旺长趋势的菜苗化控越冬。越冬期进行一次松土壅根并覆盖草木灰或有机肥，提高抗寒能力。蕾薹期和花期注意防治菌核病。

（7）小麦籽粒水分降至15%以下时，根据天气条件适期收获。

油菜终花后30天左右，在全田70%以上角果呈现枇杷黄时为收获适期。

适用范围

适用于陕西省渭北地区小麦—油菜轮作轮种植地区的小麦、油菜的生产。

技术来源：中国科学院水利部水土保持研究所

渭北旱塬小麦—豌豆轮作培肥技术

技术目标

该技术可培肥土壤，土壤有机质年平均增加 0.167 克 / 千克，全氮年平均增加 0.008 3 克 / 千克，全磷、速效磷的年平均增加量分别为 0.008 4 克 / 千克和 0.736 毫克 / 千克，提高小麦及旱地豌豆的产量和品质。

技术要点

（1）小麦—豌豆轮作流程：（第一年）深松、少耕免少耕—第二年春季播种豌豆—田间管理—豌豆收获→（第二年）深耕或深松、少耕免少耕—播种小麦—田间管理—小麦收获→（第三年）深耕或深松、少耕免少耕—播种小麦—田间管理—小麦收获→（第二轮周期第一年）。

（2）选用本区域适应范围广、高产、优质、抗逆性强且通过省或国家审定的小麦、豌豆品种。

（3）要求土壤深耕或深松，耕后耙实耙细，粉碎土壤结块，达到上虚下实、地表平整。

（4）有机肥施用量应在 2 000 千克 / 亩以

上，施氮肥（N）10～15千克／亩，磷肥（P$_2$O$_5$）4～6千克／亩，钾肥（K$_2$O）4～6千克／亩。氮肥70%作基肥，30%作追肥；有机肥、磷肥和钾肥作基肥一次性施入，耕地前撒施于地表，翻耕或旋耕深翻入土；追肥可采用撒施或叶面喷施。

（5）小麦播种：渭北旱塬东部小麦适宜播期为10月5—15日；渭北旱塬西部小麦适宜播期为10月1—20日，渭北旱塬北部适宜播期为9月10—25日；丘陵区为9月15日—10月30日。根据降水及土壤水分状况，适时调整播期。小麦基本苗控制在16万苗／亩左右，一般旱肥地基本苗16万苗／亩左右，旱薄地基本苗20万苗／亩左右。

豌豆播种：一般当平均气温稳定在0～5 ℃时，即3月中下旬顶凌播种，最适播期为3月15日—5月10日，播种量8～14.6千克／亩。

（6）小麦田管理：出苗后及时查苗、补苗、疏苗，确保苗全、苗匀。及时清除杂草。依据土壤墒情、苗情，追施拔节肥。

豌豆田管理：前期抓苗全、苗齐、苗壮，中期抓增花保荚，后期抓增重防倒伏。豌豆生育期间一般不追肥。但如果缺肥，可在初花期追施尿素4～6千克／亩，后期为提高产量可采用叶面喷施尿素或磷酸二氢钾。豌豆植株营养生长过于繁茂，可在初花期或盛花期喷洒矮壮素，抑制徒长，矮化茎秆，防止倒伏。

（7）小麦收获前去杂去劣，完全成熟后，籽粒水分降至 15% 以下时，根据天气条件适期收获，收获后及时晾晒或烘干，以防霉变。

豌豆有分期开花、结荚、成熟的特性，当全田植株有 2/3 的荚果变黑时为适宜的收获期。

适用范围

适用于陕西省渭北地区小麦—豌豆轮作种植地区的小麦、豌豆的生产。

技术来源：中国科学院水利部水土保持研究所

渭北旱塬小麦—苜蓿轮作培肥技术

技术目标

该技术可使土壤肥力显著提高，有机质年平均增加 0.197 克 / 千克、全氮年平均增加 0.014 3 克 / 千克，全磷、速效磷的年平均增加量分别为 0.003 7 克 / 千克、0.073 毫克 / 千克，提高小麦、苜蓿的产量和品质。

技术要点

（1）小麦—苜蓿轮作流程：（第一年）播种小麦时套种苜蓿或在第二春季套种苜蓿—田间管理—小麦收获→苜蓿田间管理—秋季刈割 1 次苜蓿，（第二年）苜蓿田间管理—刈割 2～3 次草，可在返青前或第一茬草收获后追施氮肥，（第三年）苜蓿田间管理—刈割 2～3 次草，可在返青前或第一茬草收获后追施氮肥，（第四年）苜蓿田间管理—刈割 2～3 次草，可在返青前或第一茬草收获后追施氮肥，（第五年）苜蓿田间管理—在第一茬苜蓿收获后深翻耕—播前旋耕→播种小麦，（第六年）田间管理—小麦收获→秸秆处理、深松、少耕免少耕—播种小麦，（第七年）田间管理—小麦收获→秸秆处理、深松、少耕免少耕—播种小麦时套种苜蓿或在第二年春季套种苜蓿（第二轮小麦苜蓿轮作）。

（2）选用本区域适应范围广、高产、优质、抗逆性强且通过省或国家审定的小麦、苜蓿品种。

（3）要求土壤深耕或深松，耕后耙实耙细，粉碎土壤结块，达到上虚下实、地表平整。

（4）有机肥施用量在 2 000 千克 / 亩以上，施氮肥（N）10~15 千克 / 亩，磷肥（P_2O_5）4~6 千克 / 亩，钾肥（K_2O）4~6 千克 / 亩。氮肥70% 作基肥，30% 作追肥；有机肥、磷肥、钾肥和微量元素作基肥一次性施入，耕地前撒施于地表，翻耕或旋耕深翻入土；追肥可采用撒施或叶面喷施。

（5）渭北旱塬东部小麦适宜播期为 10 月 5—15 日；渭北旱塬西部小麦适宜播期为 10 月 1—20 日，渭北旱塬北部适宜播期为 9 月 10—25 日；丘陵区为 9 月 15—30 日。根据降水及土壤水分状况，适时调整播期。麦苗控制在 16 万苗 / 亩左右，一般旱肥地基本苗 16 万苗 / 亩左右，旱薄地基本苗

20 万苗／亩左右。

首蓿播种：秋播时与小麦同期错行播种，秋播不宜过晚，过晚不利于安全越冬。春播一般在 3 月下旬和 4 月上旬进行，也可结合小麦中耕撒播。

（6）小麦田管理：出苗后及时查苗、补苗、疏苗，确保苗全、苗匀。中后期管理及时清除杂草，依据土壤墒情、苗情，追施拔节肥。

首蓿田管理：每年返青或收割后适时追施氮磷肥，最好在雨前雨后条施或撒施；在幼苗期、返青后、每次收割后进行中耕除草，结合除草进行松土；早春土壤解冻后，首蓿未萌发之前进行浅耙松土。

（7）小麦收获前去杂去劣，进入蜡熟期，根据天气条件适期收获，收获后及时晾晒或烘干，以防霉变。

首蓿收获：第一茬首蓿以现蕾盛期至始花期收割最佳（即整块地开花率在 10% 以前收获），第一次刈割后，每隔 30～35 天刈割一次。最后一次刈割应在 9 月末进行，留有 30～40 天的生长时间，有利于越冬和来年高产。

适用范围

适用于陕西省渭北地区小麦—苜蓿轮作种植地区的小麦、苜蓿的生产。

技术来源：中国科学院水利部水土保持研究所

渭北旱塬小麦—红豆草轮作培肥技术

技术目标

该技术可使土壤有机质年平均增加 0.23 克 / 千克，全氮年平均增加 0.033 克 / 千克、全磷、速效磷的年平均增加量分别为 0.007 4 克 / 千克和 0.636 毫克 / 千克，提高土壤肥力。小麦产量提高 20% 以上，同时提高了旱地红豆草的产量和品质。

技术要点

（1）小麦—红豆草轮作耕作流程：（第一年）小麦收获后播种红豆草或在春季套种红豆草—田间管理—刈割红豆草→红豆草田间管理—初花期刈割或收获红豆草种子后，再刈割红豆草→（第二年）深翻耕、旋耕、小麦播种—田间管理—小麦收获→（第三年）深耕或深松、少耕免少耕—播种小麦—田间管理—小麦收获→播种红豆草或在春季套种红豆草（第二轮轮作）。

（2）选用本区域适应范围广、高产、优质、抗逆性强且通过省或国家审定的小麦品种、红豆草品种。

（3）要求土壤深耕或深松，耕后耙实耙细，粉碎土壤结块，达到上虚下实、地表平整。

（4）有机肥施用量应在 2 000 千克 / 亩以上，施氮肥（N）10～15 千克 / 亩，磷肥（P_2O_5）4～6 千克 / 亩，钾肥（K_2O）4～6 千克 / 亩。氮肥 70% 作基肥，30% 作追肥；有机肥、磷肥和钾肥作基肥一次性施入，耕地前撒施于地表，翻耕或旋耕深翻入土；追肥可采用撒施或叶面喷施。

（5）小麦播种：渭北旱塬东部小麦适宜播期为 10 月 5—15 日；渭北旱塬西部小麦适宜播期为 10 月 1—20 日，渭北旱塬北部适宜播期为 9 月 10—25 日；丘陵区为 9 月 15—30 日。根据降水及土壤水分状况，适时调整播期。一般旱肥地基本苗 16 万苗 / 亩左右，旱薄地基本苗 20 万苗 / 亩左右。

红豆草播种：在 4 月上中旬播种，也可采用早春抢墒播种。播种方法多采用播种机条播和人工撒播；播种量：4～5 千克 / 亩。

（6）小麦田管理：出苗后及时查苗、补苗、疏苗，确保苗全、苗匀。中后期及时清除杂草，依据土壤墒情、苗情，追施拔节肥。

红豆草管理：红豆草苗期细弱、生长缓慢、易受杂草侵害，应及时中耕防除杂草。红豆草虽有固氮作用，但难以满足生长发育的需求，为维持其较高产量，需要施用一定量的氮肥。收获一茬草后可适当追氮肥，种子田为提高其产量，适当追施磷钾肥。

（7）小麦收获前去杂去劣，完全成熟后，籽粒水分降至 15% 以下时，根据天气条件适期收获。

红豆草播种当年产草量较小，可视生长状况刈割，要在停止生长 30～40 天前刈割，留茬高度为 6～8 厘米，有利越冬及来年生长。以收草为目的刈割一般在始花期收割，留茬在 5～6 厘米。种子田收获最佳为蜡熟期至完熟期，即豆荚一半成黑褐色收获为宜。

适用范围

适用于陕西省渭北地区小麦—红豆草轮作种植地区的小麦、红豆草的生产。

技术来源：中国科学院水利部水土保持研究所

第四节 马铃薯栽培新技术

宁南旱区马铃薯综合高产技术

技术目标

该技术适合于宁夏南部干旱半干旱区年降水量260~500毫米的马铃薯种植地区，要求选择土质疏松、通透性强的土壤，产量目标为亩产马铃薯2 000千克以上。

技术要点

（1）前茬作物选择麦类、玉米等禾谷类茬口为最佳，其次为豆茬，避免甜菜茬、葵花茬和茄科作物。按照当地的气候条件，根据品种特性、市场需要、生产用途和产业发展需要，选择相应的品种进行种植。

（2）播种前3~5天把种薯切好，58%甲霜灵锰锌100克+甲托（或多菌灵）100克+滑石粉4~5千克（亩用量）拌种。适时早播，在10厘米耕层处地温稳定通过7~12℃时开始播种（人工种植可早播；机械播种适当晚播），固原半干旱区一般在4月中下旬播种。播种深度为8~15厘米，可根据土壤类型、墒情等情况适当调整播种深度。根据地力条件和品种特性确定播种密度，一般亩保苗早熟品种以 3 000～4 000 株/亩为宜。

（3）根据土地条件进行配方施肥，马铃薯是喜钾作物，一般每生产 1 000 千克马铃薯需从土地中吸收尿素（N）2.28～3.57 千克、磷酸二胺（P_2O_5）0.4～0.62 千克、氯化钾（K_2O）3.7～5.41千克；叶面追肥：叶面肥的追施根据植株需肥规律，土壤供肥能力，植株长势进行适当补充，并结合防治晚疫病叶面喷施微肥，喷施 2～3 遍。

（4）马铃薯花蕾期封垄前进行中耕培土，同时每亩追施 2～3 千克尿素。及时防治病虫害，发生蚜虫，叶面喷施 2.5% 敌杀死，用量 20 毫升/亩或氯氰菊酯 50 毫升/亩。

（5）9 月下旬至 10 月中旬及时收获。

适用范围

该技术适合于宁夏南部干旱半干旱区年降水量 260～500 毫米的马铃薯种植地区。

技术来源：中国科学院水利部水土保持研究所

宁南旱区马铃薯高产栽培技术

技术目标

该技术积极探索推广具有宁南旱区特色的"轮作倒茬＋地膜覆盖＋配方施肥＋脱毒良种＋拌种包衣＋适期早"的马铃薯绿色增产模式。实现马铃薯栽培品种脱毒化、种植标准化、全程机械化、经营主体化。

技术要点

（1）前茬作物收获后应趁早深耕20厘米以上，遇雨浅耕收墒，播前半月镇压提墒，播前耙深20～25厘米，既能保住土壤墒情，又利于起垄覆膜。播前耙地时施基肥，施腐熟优质农家肥2 000～3 000千克/亩，施入化肥量占总化肥量的2/3左右，推荐施肥量：尿素30千克/亩，过磷酸钙45千克/亩，硫酸钾（$K_2O \geq 50\%$）15千克/亩，70%氮肥（尿素）、全部磷肥（过磷酸钙）、钾肥（硫酸钾）于翻地前一天结合整地撒施后翻耕入土（深度10～30厘米），30%氮肥（尿素）于马铃薯现蕾期作追肥。

（2）覆膜前，先用48%仲丁灵除草剂乳液200～250毫升/亩，对水均匀喷雾，封闭杂草，然后覆膜。选用宽1.2米；膜厚度为≥0.01毫米的聚乙烯农用膜（黑膜或白膜）。覆盖时应将膜拉紧、铺平、紧贴地面，膜边入土10厘米左右，用土压实。

（3）选用宁夏南部山区的主栽优良脱毒品种，用种量约120千克/亩，每穴1块种子，密度为3 335株/亩。地膜覆盖种植播期宜早，比露地马铃薯可提早10天左右播种，晚熟型品种可延迟，当地主栽品种马铃薯应于4月底5月初均可播种。马铃薯用手动（鸭嘴式）点播器穴播，行距40厘米，株距40厘米，在垄上呈"S"形播种。播种深度要根据土质和土壤墒情来确定，一般播深20～25厘米为宜。

（4）苗期应及时查苗，出苗后注意及时放苗，苗期要随时查看，发现缺苗断垄要及时补苗，力求全苗，放苗后将膜孔用土封严，同时防止幼苗窜入膜内烧死，小苗出齐后进行查田催芽补种，一穴留1苗。马铃薯现蕾开花后，地下茎膨大，营养生长和生殖生长越发旺盛，为防止脱肥，在马铃薯现蕾期追施总施肥量30%的尿素，离植株10厘米处用点种器进行穴施肥，以防植株早衰。

及时防治病害，马铃薯病害主要包括晚疫病、病毒病、细菌性病毒、早疫病等。

（5）当马铃薯地上茎叶由绿变黄、叶片脱落、茎枯萎，同时地下块茎停止生长并易与根分离时，是收获的最佳时期，收获过程中尽量减少机械损伤。

适用范围

该技术适合于宁南山区干旱半干旱地区土壤肥沃、土层深厚的地区栽培。

注意事项

马铃薯收获后应彻底清理田间残膜，避免残膜对土壤结构造成一定破坏。

技术来源：宁夏大学

宁夏中部干旱带雨养区马铃薯高产高效农机农艺综合生产技术

技术目标

该技术利用马铃薯播种机械一次完成土壤旋耕、施肥、喷药、播种、起垄、覆膜等复式作业，适合于宁夏干旱半干旱雨养区马铃薯机械化栽培，要求土质深厚、疏松，马铃薯目标产量2 000千克/亩以上，集马铃薯种植技术的选种、整地、种植方式、田间管理、病虫草害防治及收获等农机节水农艺一体化综合生产技术。

技术要点

（1）马铃薯播种机械化技术：利用马铃薯播种机械一次完成土壤旋耕、施肥、喷药、播种、起垄、覆膜等复式作业。

（2）马铃薯培土机械化技术：马铃薯在出苗后未顶破地膜前使用上土机在膜面上覆盖一层土，可防止太阳晒坏芽，防草，防青头。

（3）马铃薯植保机械化技术：利用喷雾机进

行马铃薯杂草及病虫害防治。

（4）马铃薯杀秧机械化技术：收获时若秧、草较多，难以实现机械收获，必须用杀秧机将秧、草粉碎，为机收创造条件。

（5）马铃薯机械化收获技术：当马铃薯植株大部分茎叶干枯、块茎停止膨大时，用收获机收获，可一次完成挖掘、薯土分离、机后铺薯块3道工序。

配套机具

（1）深松耕整地机械：播种前宜选用深松旋耕联合整地机作业，为马铃薯生长创造良好的土壤条件。

（2）播种机械：①大垄双行马铃薯覆膜施肥播种机。有旋耕起垄型和圆盘起垄型两种，整地质量较差地块选旋耕起垄型，整地质量较好地块选用圆盘起垄型，可一次完成开沟、施肥、播种、起垄、喷除草剂、铺膜等多道工序，省工、苗齐且高产。②双垄单行马铃薯施肥播种机。该机可一次完成开沟、施肥、播种、喷除草剂、起垄等作业，能满足各项农艺要求，适宜在不覆膜的情况下使用。

（3）马铃薯培土机械：对高垄覆膜种植地块，

在出苗后未顶破地膜前用上土机在垄上覆盖一层3～5厘米土，不用放苗。在未覆膜地块，选用中耕培土机上土。

（4）植保机械：防治晚疫病和虫害时，小地块以小型喷雾机为主，可选用背负式机动喷雾、喷粉机具和电动喷雾机等；大地块选用动力喷雾机和喷杆喷雾机。

（5）杀秧机械：杀秧机一次完成垄顶和垄沟的秧秆粉碎清理，且不伤马铃薯。

（6）马铃薯收获机：①分段收获。收获大垄双行宜选用4U-83型，收获两行单垄单行宜选用4U-100型、4U-110型马铃薯收获机，在大地块可选用4U-180型马铃薯收获机。②联合收获。在马铃薯种植规模较大的地区，宜引进马铃薯联合收获机，加装分级装置，一次作业实现收获、分级及包装工序，降低收获成本，提高生产效率。

适用范围

该技术适合于宁夏干旱半干旱雨养区马铃薯机械化栽培。

技术来源：宁夏大学

内蒙古阴山北麓马铃薯增施有机肥丰产高效种植技术

技术目标

该技术可使马铃薯平均增产 21.6%，水分利用效率提高约 18.3%，养分累积量提高约 49.8%，有效解决阴山北麓马铃薯种植中存在的水肥利用率低和产量低而不稳的问题。

技术要点

（1）品种选择：选择抗旱、抗病、适宜当地播种的优质高产品种克新一号。

（2）整地并起垄：整地时施用腐熟有机肥 1 466～1 533 千克/亩，种植方式为垄作滴灌，先翻地后进行起垄，并在垄上铺设滴灌带，垄宽为 50 厘米，垄高为 15 厘米，垄形为弧形，垄面要尽量光滑平整。

（3）播种：播种时间为 5 月中旬，化肥用量为尿素（N）-磷酸二铵（P_2O_5）-氯化钾（K_2O）= 300-180-135 千克/亩，氮肥施用为 40% 缓释尿素和 60% 普通尿素相结合的方式施用，且种肥和追肥比例为 2：3，磷肥为磷酸二铵，钾肥为硝酸钾，缓释尿素和磷钾肥随种子分层一次性施入垄正下方，追肥时期为块茎形成期（6 月下旬），块茎膨大期（7 月中旬）和淀粉积累期（8 月上中旬），追肥按氮肥总量的 20%、30% 和 10% 结合灌水施入，每次灌水为 12～15 立方米/亩。

（4）田间管理：适时滴灌，防治病虫草害。播种时沟施阿马士 60 毫升/亩或阿米西达 80 毫升/亩或噻呋酰胺（满穗）60 毫升/亩，防控马铃薯黑痣病；从现蕾期开始根据马铃薯晚疫病预警系统预报或者气象情况（未来 24 小时温度 15～21 ℃、相对湿度 85% 以上）开始喷药防治，80% 代森锰锌可湿性粉剂 600 倍液或者 25% 嘧菌酯悬浮剂 600 倍液，均匀喷雾，每隔 7～10 天喷一次，连续喷药 2～3 次防治马铃薯晚疫病；利用中耕机械除草结合人工拔草的方法对马铃薯田进行杂草防除。

（5）适时收获：在马铃薯成熟期待植株叶片茎秆枯黄脱落进行收获，该区域一般为 9 月中旬。

适用范围

该技术适宜在年降水量为 250～350 毫米的干旱半干旱农牧交错区进行马铃薯推广种植。

技术来源：内蒙古农牧业科学院

半干旱区马铃薯全膜覆盖垄上微沟种植技术

技术目标

该技术和传统旋耕的垄沟种植相比增产 15% 以上，商品率提高 20% 以上。

技术要点

1. 播前准备

（1）选地：忌连作，前茬以豆类、小麦、玉米茬口为宜。

（2）整地：前茬作物收获后，及时深耕灭茬，耕深 25～30 厘米，达到深、松、平、净、土碎无坷垃，干净无杂物。

（3）施基肥：有机肥 1 000～2 000 千克/亩，起垄前均匀撒在地表。将尿素 20 千克/亩、过磷酸钙 25 千克/亩、氯化钾 2.5 千克/亩集中施入大垄中间，施肥深度约为 5～10 厘米。

2. 起垄与覆膜

（1）起垄：大垄宽 60 厘米、高 20 厘米，并在大垄面正中开小沟，小沟宽 20 厘米，深 10 厘米。大沟宽40厘米。要求垄沟宽窄均匀，垄脊高低一致。

（2）覆膜：以秋覆膜和顶凌覆膜为主。用厚度0.008~0.01毫米、宽120厘米的黑色地膜全地面覆盖，地膜接缝置于沟内，膜与膜间不留空隙，相接处用细土覆盖。要求地膜与垄面贴紧，每隔2~3米横压一土腰带。生产上可选用起垄覆膜机一次完成起垄和覆膜。覆膜后，在垄上微沟和大沟内每隔50厘米打孔，且严禁牲畜入地践踏。

3. 种子准备

结合当地的自然条件和气候特征，选择株型紧凑、抗逆性强、薯形整齐、商品性状好、产量高、品质优良的马铃薯脱毒良种。剔除病、虫、烂、伤的种薯。播种前一天，每100千克种子用40%农用硫酸链霉素可溶性粉剂5克，对水10千克，均匀喷雾种薯表面，杀灭种皮上的细菌。拌种后的种块不能久放，应现拌种现播种，最好当天全部播种完。

4. 合理播种

（1）时间：在10厘米地温达到7~8℃时播种，一般在4月中下旬到5月上旬为宜。

（2）方法：在大垄垄侧距集流沟10~15厘米处打孔种植，先用点播器打开第一个播种孔，将土提出，孔内点种，打第二个孔后，将第二个孔的土提出放在第一个孔口，以此类推。每孔下薯块1粒，播深3～5厘米，播种孔覆土后匀力踩压，使薯块与土壤紧密接触。

（3）合理密植：水肥充足、生育期较短的品种宜密；水肥条件差、生育期较长的品种宜稀。同时，应根据当地气候特点确定合理种植密度，降水400～500毫米的半干旱区，耐密或半耐密型品种的株距为40厘米左右，保苗3 500～4 000株/亩。

5. 田间管理

（1）苗期管理：及时破除板结。如幼苗与播种孔错位，及时放苗。出苗不齐的及时补栽。

（2）现蕾期管理：适期进行叶面追肥。在开花和结薯期，用0.1%～0.3%的硼砂或硫酸锌、0.5%的磷酸二氢钾水溶液进行叶面喷施，每隔7天喷一次，共喷2～3次，用溶液50～70千克/亩。

（3）块茎膨大期管理：对脱肥严重地块进行根部追肥。追施尿素5千克/亩，磷酸二铵5千克/亩。干旱时少追或不追，墒情好、雨水充足时适量加大。

6. 病虫草害防治

（1）晚疫病防治：马铃薯主要病害为晚疫病，

在雨水偏多和植株花期前后发生严重，以预防为主，发现中心病株立即拔出深埋，并及时用 25% 的瑞毒霉或甲霜灵 800 倍液喷雾，每隔 7 天喷一次，连喷 2～3 次。病毒病发病初期，用 1.5% 枯病灵乳油 1 000 倍液防治。

（2）地下害虫防治：蚜虫发生初期用 2.5% 的溴氰菊酯对水 2 500 倍喷雾。蛴螬等用 90% 的晶体敌百虫 0.5 千克加水溶解喷于 35 千克细土上撒于沟内。

7. 适时收获

待马铃薯 2/3 的叶片变黄、植株枯萎时选择晴天收获。收获前一周割掉地上部茎叶并运出田间。收获后的块茎晾晒 3～5 小时分类装袋、严格剔除泥土、病烂薯和破伤薯。

8. 清除废膜

收获前先人工或者机械清除地膜，确保土壤中无废膜残留，并及时深松土壤、耙耱保墒。

适用范围

该技术适应于北方干旱半干旱地区马铃薯种植。

注意事项

若人工起垄覆膜后,立即在垄上微沟内每50厘米扎一个渗水口,以便降雨入渗。

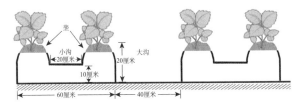

马铃薯全膜覆盖垄上微沟示意图

覆膜效果和田间长势

技术来源:甘肃省农业科学院

半干旱区马铃薯立式深旋耕作
栽培技术

技术目标

该技术和传统旋耕的垄沟种植相比增产 30% 以上，商品率提高 38%，每亩纯收益增加 700 元以上，且土壤深旋一次可维持 2～3 年。

技术要点

施基肥、立式深旋、起垄与覆膜等程序均采用甘肃省农业科学院旱地农业研究所和定西三石农业科技有限公司联合研制的立式深旋—起垄—覆膜一体机一次性完成。立式深旋机要求拖拉机动力在 40 马力（千克·米/秒）以上，耕作时匀速前进，速度控制在 5～10 千米/小时为宜。在深旋时要求有 1 人跟于机具后，随时在膜上压土。以下为各耕作起垄覆膜的具体指标。

立式深旋：立式深旋 35～40 厘米，横向打碎土壤，不改变纵向结构，只改变土壤的物理性状，保持土层的垂直原状分布。带宽 100 厘米，其中耕作带 60 厘米，免耕带宽 40 厘米。

其余操作步骤与半干旱区马铃薯全膜覆盖起垄微沟种植技术一致。

适用范围

该技术在北方干旱、半干旱地区的马铃薯及中药材等的种植中有较为广泛的应用前景。

注意事项

第一年采用立式深旋—起垄—覆膜一体机作业的地块，第二、第三年可直接人工覆膜播种。

技术来源：甘肃省农业科学院

第五节　谷子、荞麦、糜子栽培新技术

有机谷子轻简化栽培技术

技术目标

该技术对谷子间苗、中耕、收获、脱粒等环节省工节资、增加产量及改善品质有一定的作用。该技术的应用提高了谷子产量，同时提高了有机谷子的质量，符合现代农业发展目标。

技术要点

（1）种植基地选择：生产基地远离城区、工矿区、交通主干线、工业污染源和生活垃圾场等。在有机和常规生产区域之间设置不少于8米的有效缓冲带或物理屏障。

（2）管理：对生产基地进行有效的管理至产品收获，建立并实施有机生产管理体系。

（3）耕地与整地：前茬作物选取豆类、薯类、玉米，选择土层深厚，土壤肥沃，地势平坦，排水良好的地块。前茬作物收获后进行深耕耙耱，耕深20～25厘米。播前清除全部残茬、石块，打碎坷垃，使土壤达到平整、疏松、细碎、上虚下实。

（4）种子准备：选择适合本地的高产、抗病虫害、抗倒伏、米质好、口感好的优质谷种。播前3～5天，用1∶13盐水溶液浸泡种子，盐水漂洗剩余秕籽、草籽，再用清水洗去种子上的盐水，反复清洗2～3遍，晴天将种子均匀放在清洁消毒的席上约2～3厘米厚，晒种2～3天，晒干备用。种子纯度不低于99%、净度不低于98%、发芽率不低于90%、含水量不高于15%。

（5）选膜：使用宽度120厘米，膜厚0.01毫米以上的塑料薄膜。

（6）播种：在4月下旬至5月中旬或土壤墒情适宜时播种。采用全覆膜一体机娃哈哈牌全覆膜滴灌精量播种机（2BQPSF-2）开沟、铺滴灌带、覆膜、覆土镇压、打孔播种。播深3～5厘米。一膜2行，大行距80厘米，小行距40厘米，穴距23厘米。播量约4 800穴/亩，每穴5～8粒。

（7）施肥：结合耕翻，施入农家肥或绿肥、生物肥为主的堆肥或沤肥，2 500～3 500千克/亩。

（8）中耕除草：第一次中耕结合间苗进行，浅除，除草留苗；第二次中耕于8叶期到9叶期进行，深除，除净杂草。第三次中耕在孕穗后期进行，浅锄，并结合中耕进行培土，防倒伏。

（9）病虫害防治：重点防治谷瘟病、白发病、黏虫等。

（10）收获：待谷穗变黄断青，籽粒变硬时进行收获。

适用范围

土壤有机质含量 2% 以上，排水良好的中性沙壤土。

注意事项

种植基地的选择及生产管理较严格，施入农家肥或秸秆、绿肥、生物肥等，避免使用除草剂。

技术来源：内蒙古农业大学

陇中半干旱区甜荞全膜覆土穴播栽培技术

技术目标

该技术可使荞麦产量增加 15%，水分利用效率提高 10%。

技术要点

（1）地块选择：选择坡度 15 度以下的土地，忌重茬，前茬以马铃薯、豆科、油菜、胡麻、小麦等为宜。

（2）深耕蓄墒：前茬作物收获后，用土壤旋耕机深松 20～30 厘米，及时用镇压器镇压，以保持土壤墒情。

（3）整地施肥：第二年土壤解冻后即采用旋耕机浅耕整地，耕深达 15～20 厘米，平整地表，使土壤细绵，准备覆膜。结合整地施入优质腐熟农家有机肥 1.3～3 吨 / 亩、尿素（N）2.7 千克 / 亩、磷酸二铵（P_2O_5）2 千克 / 亩、氯化钾（K_2O）1.3 千克 / 亩。

（4）覆膜覆土：地块平整后，立即进行覆膜与覆土。采用全膜覆土穴播机机械或人工覆膜，要求覆膜平展，压膜结实，均匀覆土1～2厘米。

（5）品种选择：选用秆矮、抗旱、抗病、抗倒伏、丰产性好的甜荞品种。

（6）种子处理：播前将种子曝晒2～3天，以增强种子活力和发芽势，并减轻病害的发生。

（7）播种：陇中半干旱旱作区5月下旬，平均气温稳定12℃以上、0～10厘米土层地温达到15℃以上时适期播种。播种深度3～4厘米，行距25厘米，穴距12厘米。将种子和细沙（直径1～2毫米）按1:2混合并搅拌均匀，每穴播4～6粒，穴距12.5厘米，行距20厘米。播种量6千克/亩，保苗12万株/亩。

（8）田间管理：播种后遇降水及时破除板结。苗高5～8厘米时间苗，拔除病苗、小苗、弱苗。

（9）病虫害防治：以预防为主，人工和物理防治为辅。

（10）收获：8月下旬有75%以上籽粒成熟时，为最佳收获期。

适用范围

该技术适应于干旱半干旱地区的荞麦种植。

注意事项

荞麦播种一定要将种子和细沙（直径 1～2 毫米）按 1：2 混合并搅拌均匀后用地膜穴播机播种，每穴播 4～6 粒。播种量 6 千克 / 亩，保苗 12 万株 / 亩。

技术来源：甘肃省农业科学院

糜子轮作栽培技术

技术目标

该技术通过轮作种植等一系列耕作栽培技术的改进，提高糜子的单产和经济效益，扩大糜子的种植面积，在一定程度上解决了长期以来制约糜子种植发展的限制因素，为今后的糜子种植提供了有效途径。

技术要点

1. 轮作制度

糜子→荞麦→马铃薯；豆类（或休闲）→春小麦→糜子；春小麦→玉米→糜子→马铃薯；小麦→胡麻→糜子等轮作方式。

2. 整　地

秋作物收获后，及时深耕蓄水，土壤熟化，有利于土壤理化性质的改良。

3. 镇　压

播种前镇压，消除坷垃，压实土壤，增加播种层土壤含水量，有利于播种和出苗。当土壤水分过多或土壤过黏时，不能镇压，否则会造成土壤板结。

4. 施　肥

糜子每生产 100 千克籽实需从土壤中吸收氮 1.8～2.1 千克、磷 0.8～1.0 千克、钾 1.2～1.8 千克。

5. 播种技术

（1）种子处理：种子发芽率要求达到 90％以上，种子处理主要有晒种、浸种和拌种 3 种。

（2）适时播种：播种期与种植的地区、品种特性和各地气候密切相关。宁夏南部山区糜子播种一般考虑在早霜来临时能够正常成熟为原则。

（3）播种方法：在宁夏南部山区糜子产区，糜子以条播为主、以浅播为好，一般情况下播深以 4～6 厘米为宜。

（4）播种量与密度：宁夏南部山区属干旱半干旱区，春播留苗 6 万株 / 亩左右。肥力较好，降水量较大的地区，留苗密度可适当增加，以 8 万株 / 亩为宜，种植最大密度不能超过 10 万株 / 亩。

6. 田间管理

（1）查苗补种，中耕除草：苗期及时查苗补种。幼苗长到一叶一心时及时进行镇压增苗，促进根系下扎。糜子幼芽顶土能力弱，在出苗前遇雨容易造成板结，应及时采用耙糖等措施疏松表土，保证出苗整齐。糜子生育期间一般中耕 2～3 次，结合中耕进行除草和培土。

（2）适时收获：穗基部籽粒用指甲可以划破时收获为宜。由于霜冻会引起糜子落粒，收获前要注意收听天气预报，保证在早霜来临前及时收获。糜子脱粒宜趁湿进行，过分干燥，外颖壳难以脱尽。

适用范围

该技术适应于北方干旱半干旱地区糜子种植。

注意事项

当糜子的籽粒有 2/3 以上成熟以后，在无风天的早上或晚上及时收获。

技术来源：中国科学院水利部水土保持研究所

第三章

加工新技术

马铃薯全粉的加工技术

原料和配方

生产马铃薯全粉选用芽眼浅、薯形好、薯肉色白、还原糖含量低、龙葵素含量少的品种。

工艺流程

原料马铃薯→拣选→清洗→去皮→切片→蒸煮→调整→干燥→筛选→检验→包装。

操作要点

（1）原料选择：选芽眼浅、薯形好、薯肉色白、还原糖含量低和龙葵素含量低的品种。

（2）清洗：马铃薯经干式除杂机除去沙土和杂质后被送至滚筒式清洗机中清洗干净。

（3）去皮：清洗后的马铃薯按批量装入蒸汽去皮机，在5～6兆帕压力下加温20秒，使马铃薯表面生出水泡，然后用流水冲洗外皮。蒸汽去皮对原料没有形状的严格要求，蒸汽可均匀作用于整个马铃薯表面，大约能除去0.5～1毫米厚的皮层。去皮过程中要注意防止由多酚氧化酶引起的酶促褐变，可添加褐变抑制剂，再用清水冲洗。

（4）切片：去皮后的马铃薯被切片机切成8～10毫米的片，并注意防止切片过程中的酶促褐变。可添加褐变抑制剂，再用清水冲洗。

（5）预煮、蒸煮：断粒蒸煮的目的是使马铃薯熟化，以固定淀粉链。先经预煮，温度为68℃，时间15分钟；之后蒸煮，温度为100℃，时间15～20分钟；最后在混料机中将蒸煮过的马铃薯片断成小颗粒，粒度为0.15～0.25毫米。

（6）调整：马铃薯颗粒在流化床中降温，温度为60～80℃，直到淀粉老化完成。要尽可能使游离淀粉降至1.5%～2.5%，以保持产品原有风味和口感。

（7）干燥、筛分：调整后的马铃薯颗粒在流化干燥床中干燥，干燥温度为进口140℃，出口60℃，水分控制在6%～8%；物料经筛分机筛分后，将成品送到成品间中贮存，不符合粒度要求的物料，经管道输送至混料机中重复加工。

（8）包装：成品间中的马铃薯全粉经自动包装机包装后，将成品送至成品库存放待销或做成系列产品。

质量要求

选择干物质含量高的优质马铃薯为原料，最终使马铃薯全粉外观呈浅黄色沙粒状无结块，含水率在 10% 以下，细度 100 目≥90%，斑点≤5个厘米立方厘米，游离淀粉≤4%～15%，灰分≤1.2%，大肠杆菌≤50 个 / 克，霉菌≤100 个 / 克，致病菌不得检出，口感无黏性。

技术来源：内蒙古农业大学

小米绿豆速食粥加工技术

原料和配方

小米、绿豆和甘薯淀粉。

工艺流程

小米预处理→煮米→蒸米→冷水浸渍→干燥；

绿豆预处理→煮豆→蒸豆→干燥；

甘薯淀粉＋其他辅料→混合→造粒干燥；

小米、绿豆、甘薯淀粉等→混合→配比→成品。

操作要点

（1）速食小米的制备：将小米放入温水中浸泡 10 分钟，利用 80 ℃的热风干燥 30 分钟，取出后放入锅中先煮 6～7 分钟，然后利用冷水浸渍 1～2 分钟，再利用 100 ℃蒸汽蒸 10 分钟，取出后在 50～80 ℃的干热条件下连续烘干 30 分钟，得到颗粒完整、半透明的速食小米。

（2）速食绿豆的制备：如果绿豆煮前不做任

何处理，直接加热软化，需 40～50 分钟，但从能源角度考虑不合理。所以，将绿豆用 90 ℃的热水浸泡 30 分钟进行软化，其效果较好。热水浸泡后将绿豆取出，放入 100 ℃沸水锅内保持沸腾状态 13～15 分钟，煮至绿豆无明显硬心又不致过度膨胀为止，切勿煮开花；将煮好的绿豆沥尽水分，放入蒸汽锅内，用 100 ℃蒸汽蒸 10～15 分钟，至绿豆彻底熟化、大部分裂口为止。

（3）甘薯糊料的制备：为防止小米在熟制过程中部分黏性物质随汤流失，降低成品的黏稠性和天然风味，将煮小米的米汤蒸发至适量，然后加入甘薯淀粉进行造粒，放入 80 ℃热风中连续进行干燥。

（4）配比：将速食小米、速食绿豆和甘薯糊料按 6：2：3 的比例混合进行复水，沸水煮制 3～5 分钟，就可得到色泽淡黄、悬浮性良好、口感软绵、美味可口的小米绿豆速食粥。

质量要求

富含多种维生素、氨基酸、脂肪和碳水化合物等，黏稠可口无异味。

技术来源：内蒙古农业大学

苦荞茶加工技术

原料和配方

精选带壳苦荞麦。

工艺流程

苦荞麦筛选→清选→浸泡→表面烘干→蒸熟→炒干→喷洒凉水→烘干→脱壳→包装。

操作要点

（1）筛选：精选带壳苦荞麦，并对苦荞麦进行农药残留检测。

（2）清理：用清水将苦荞麦漂洗干净。

（3）浸泡：低温浸泡浸泡时间3～4小时。

（4）表面烘干：表面干化浸泡结束的苦荞麦用脱水机脱去水分，并用强风迅速吹干苦荞表面水分。

（5）蒸熟：利用蒸汽将苦荞麦蒸熟。

（6）炒干：采用可调温炒制设备，从高到低逐步调温，并匀速翻动炒干，使苦荞中水分快速挥发，然后快速升温。

（7）喷洒凉水：用洁净水均匀适量地喷洒在翻炒过的苦荞麦上，使苦荞麦表面壳迅速膨胀，从而使苦荞外表硬壳与麦仁由于不同膨胀系数而壳与仁分离。

（8）烘干：采用热风烘干设备，再将上道工序后的苦荞低温烘干表皮。

（9）脱壳：脱壳采用离心力将苦荞麦粒击开致使麦壳与麦仁完全分离，除去麦壳，保留表面带苦荞麦麸的麦仁。

（10）包装：采用颗粒包装机将苦荞麦仁用食品热合滤纸封装成袋。

质量要求

苦荞茶外观黄绿色，有纯荞麦香味无其他添加物味道，色泽清澈透明。

技术来源：内蒙古农业大学

第四章

新设备

玉米垂直旋耕集中施肥双垄沟播楼

装备简介

该装备由山西省农业科学院棉花研究所研发，也称玉米带耕沟播楼，获实用新型专利，专利号：ZL201620682138.9。该机具将传统玉米统种植模式变为"一沟双行、带耕沟播，沟内窄行近株，沟间宽行免耕"模式，一次作业可实现"垂直旋耕、开沟起垄、底肥均匀集中深施、双行沟播"等多项作业。该机具通过条带耕作灭茬，破坏害虫滋生条件，降低害虫为害程度；通过宽行免耕，实现土地适度休闲；通过沟灌，实现节水灌溉，显著缩短灌水周期，提高灌水效率和灌水时效性。

该机具外形尺寸1 200毫米（长）×900毫米（宽）×1 200毫米（高）；重量约300千克；作业行数1沟2行；播种行距40～50厘米；起垄底宽40～50厘米；垄高25厘米；耕作宽度70～80厘米；作业速度1～1.5千米/小时；生产率3～4.5亩/小时。

技术要点

一是采用40～50厘米宽的垂直旋耕装置进行

条带深旋耕，并通过旋耕空心轴将肥料施入深层土壤，再通过非连续旋转旋耕叶片向上旋转搅拌，使肥料由下向上分散施入；二是后设开沟器开沟起垄；三是采用常规玉米播种装置，在施肥腿的两侧各设一种子腿，间距40～50厘米（可调节），将玉米播种于沟内垂直旋耕带的两侧，并通过镇压轮压实，实现"一沟双行"精量播种。该机具与带动力输出的404小四轮拖拉机配套使用，采用全悬挂型作业。

适用范围

灌溉区玉米节水种植。

注意事项

玉米带耕沟播耧

该装备只能与4驱的28～40马力（千克·米/秒）的拖拉机配套，不能与50马力以上的拖拉机配套。

技术来源：山西省农业科学院

多能源互补驱动移动式喷灌机

装备简介

本产品以太阳能供电的电机驱动替代传统卷盘式喷灌机的水涡轮驱动方式，克服了水涡轮能量传递效率低的缺点，降低了机组整体能耗。本产品配备有速度实时监测系统，可对 PE 软管的回收速度实施无级调速（调速范围 0～60 米/小时）。控制柜内置的速度闭环控制系统通过对速度传感器对回收速度实时采集，并根据预设速度进行调整，保证收管过程始终保持匀速，避免了管道回卷过程中因分层造成的速度差异，确保喷洒水量的均匀分布。本产品较好解决了现有卷盘式喷灌机能耗高、设备笨重、喷洒水量分布不均等缺陷，是一种绿色节能型智能灌溉装备。此外，本产品继承了传统卷盘式喷灌机的所有优点。

技术要点

传统的单喷头绞盘式喷灌机采用水涡轮驱动，水流经过水涡轮时引起的水头损失较大，喷灌机入口要求的水头高达 80 米，水涡轮水头损失高达

10 米以上。采用太阳能驱动的绞盘式喷灌机，水流不经过水涡轮，避免了水涡轮的水头损失，降低了喷灌机进口的工作压力。

适用范围

（1）水源：水源供水能力应满足喷灌机的工作流量的要求。可利用河川径流或井水灌溉，当水中有悬浮物或固体颗粒过多可能影响喷灌机正常工作时，应采取过滤措施。

（2）地形：喷灌作业的地面坡度不应大于20%，地面较平整。

（3）气候：年平均日照时间大于 1 800 小时［年辐射总量大于 6.5×10^5 焦耳 /（平方厘米·年）］的场所，可单独采用太阳光伏电源供电。进行喷灌作业时，风速不应大于 6 米 / 秒。

（4）作物：可用于小麦、玉米、蔬菜、花卉、牧草、城市绿地，对于蔬菜花卉等作物，选用雾化程度高的喷头。

（5）作业道：喷灌作物时需要为喷灌机留出作业道，作业道宽度为 1.4～1.8 米。

注意事项

装备安装及运行需按照规范执行。喷灌机交

付使用后需要对用户进行专门技术培训。

多能源互补驱动移动式喷灌机

技术来源：西北农林科技大学

微孔陶瓷灌水器

装备简介

微孔陶瓷灌水器是一种以微孔陶瓷内部连通的微米级孔隙作为渗流通道的地下灌水器，其工作压力一般为 0.5 米以下，可解决负压吸泥，根系入侵引起的堵塞问题。为满足不同作物需水要求，本产品主要有 3 种基本结构形式：旁通式微孔陶瓷灌水器，管间式微孔陶瓷灌水器和微孔陶瓷贴片式地下滴灌管。在实际使用中，灌水器可根据土壤水分状况自动调节出流量，根据作物需求实时补充水分，从而达到连续，主动灌溉的目的。本产品节能环保，抗堵塞能力强。

技术要点

传统的地下滴灌可以直接向作物根部供水，蒸发损失小，水分利用效率高，具有明显的节水增产效果，但目前仍然存在系统能耗高，塑料难降解，灌水器易堵塞等问题，严重影响了其大面积推广应用。而微孔陶瓷灌水器则是利用其内部诸多的微孔作为灌溉水运移的通道进行消能灌溉，可以在无压或者微压状态下满足植物的需水要求，不仅能耗较低，绿色环保，抗堵塞性能优异，同时也克服了田间供电、输配水设施短缺对地下滴灌技术推广应用的制约。

适用范围

（1）水源：在丘陵沟壑地区，可利用集雨装置作为水源；在平原地区，可利用河川径流、井水灌溉。当水中有悬浮物或固体颗粒过多可能导致系统堵塞时，应采取过滤措施，过滤网建议为60～120目；当水中藻类过多时，不宜使用。

（2）地形：适用于平地或者坡度较缓的地势。

（3）气候：适用于干旱半干旱地区，蒸发量过大的区域可配合覆膜使用。

（4）作物：可用于小麦、玉米、蔬菜、花卉、牧草、城市绿地的灌溉。对于需水量较大的作物，选用旁通式微孔陶瓷灌水器或者管间式微孔陶瓷灌水器；对于密植型或需水量较小的作物，选用微孔陶瓷贴片式地下滴灌管。

（5）土质：适用于砂纸黏壤土、壤土和黏土，不宜用在沙土中。

微孔陶瓷灌水器

技术来源：西北农林科技大学

第五章

新产品

小麦抗干热风制剂

产品来源

该产品是山西省农业科学院棉花研究所研发的小麦抗逆制剂。获国家发明专利，专利号为 ZL201510016226.5，专利授权日期为 2017 年 8 月 11 日。

产品特点

该产品是一种用于小麦抗干热风的复合抗逆制剂，剂型为水剂，商品名称为"有机钙博士"（抗干热风专用）。小麦喷施后，能调节小麦生理机能，稳定生物膜结构，减少细胞电解质外渗，提高细胞活力和光化学效率，抑制蒸腾，提高小麦叶片抗脱水能力，具有抗高温、抗干旱、防早衰等多重功效。小麦使用后，"有灾减灾，无灾增产"，在不同等级干热风发生情况下，可提高千粒重 2～6 克，无干热风情况下也可提高千粒重 1～2 克，初花期使用，还可增加穗粒数。

该制剂水溶性好、成本低、使用方便、效果稳定显著。

技术要点

在小麦初花期、灌浆期喷施，喷施时选择无大风晴天上午 10 时前或下午 4 时后，用 600～800 倍液叶面喷施，喷施 2～3 次，间隔期 7～10 天。可结合小麦一喷三防与杀虫剂、杀菌剂配合使用。

适用范围

所有小麦种植区。

注意事项

禁止与碱性农药混合使用。

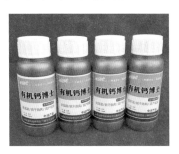

小麦抗干热风制剂

技术来源：山西省农业科学院